高等学校通识教育系列教材

数据库技术与应用实践教程
——Access 2010（第2版）

刘卫国 主编

U0321449

清华大学出版社
北 京

内 容 简 介

本书在第 1 版的基础上修订而成,是与《数据库技术与应用——Access 2010》(第 2 版)(微课版)配套的教学参考书。全书内容包括实验指导、习题选解、模拟试题和应用案例 4 个部分。其中,实验指导部分根据课程基本要求设计了 12 个实验,方便读者上机操作练习;习题选解部分按照课程内容体系提供了大量的习题并给出了参考答案,可以作为学习的辅助材料;模拟试题部分参考计算机等级考试的基本要求和考试题型提供了两套笔试模拟试题和两套机试模拟试题,帮助读者检验学习效果;应用案例部分在课程学习的基础上加以扩展,提供了一个数据库应用系统案例,帮助读者掌握数据库应用系统开发的方法。

本书集实验、习题、试题和案例于一体,内容丰富,实用性强,且具有启发性和综合性,适合作为高等学校数据库应用课程的教学用书,也可供社会各类计算机应用人员阅读参考。

图书在版编目(CIP)数据

数据库技术与应用实践教程:Access 2010/刘卫国主编.—2 版.—北京:清华大学出版社,2021.1
高等学校通识教育系列教材
ISBN 978-7-302-56906-0

Ⅰ.①数… Ⅱ.①刘… Ⅲ.①关系数据库系统-高等学校-教材 Ⅳ.①TP311.138

中国版本图书馆 CIP 数据核字(2020)第 226872 号

责任编辑:刘向威 常晓敏
封面设计:文 静
责任校对:焦丽丽
责任印制:吴佳雯

出版发行:清华大学出版社
        网 址:http://www.tup.com.cn,http://www.wqbook.com
        地 址:北京清华大学学研大厦 A 座   邮 编:100084
        社 总 机:010-62770175   邮 购:010-83470235
        投稿与读者服务:010-62776969,c-service@tup.tsinghua.edu.cn
        质量反馈:010-62772015,zhiliang@tup.tsinghua.edu.cn
        课件下载:http://www.tup.com.cn,010-83470236
印 装 者:三河市金元印装有限公司
经 销:全国新华书店
开 本:185mm×260mm   印 张:13   字 数:317 千字
版 次:2014 年 11 月第 1 版 2021 年 1 月第 2 版   印 次:2021 年 1 月第 1 次印刷
印 数:1~1500
定 价:49.00 元

产品编号:090550-01

第 2 版前言

大数据改变了人们的生活和工作方式,也改变了人们认识世界和价值判断的方式,数据库知识和数据思维成为当今大学生信息素养的重要组成部分。数据库技术自 20 世纪 60 年代中期诞生以来,无论理论还是应用都已变得相当重要和成熟,成为计算机领域发展最快的学科分支之一,也是应用很广、实用性很强的一门技术。随着计算机技术的发展,特别是计算机网络技术的发展,数据库技术应用到了社会生活的各个方面,成为信息化建设的重要技术支撑。

Access 数据库管理系统是集成在 Office 套装软件中的一个组件,它具有界面友好、易学实用的特点,因此适用于中小型数据管理应用场合,既可以用作本地数据库,也可以应用于网络环境。从教学的角度讲,Access 很适合初学者理解和掌握数据库的概念与操作方法。Access 2010 是 Access 的常用版本,在操作界面、数据库操作与应用等方面有很大改进。

学习数据库的基础知识,掌握 Access 2010 数据库的基本操作,不能仅限于纸上谈兵,还要进行大量的上机实践与作业练习。本书是在第 1 版的基础上修订而成,是与《数据库技术与应用——Access 2010》(第 2 版)(微课版)配套的教学参考书。全书内容包括实验指导、习题选解、模拟试题和应用案例 4 个部分。

(1) 实验指导部分根据课程基本要求设计了 12 个实验,每个实验都和课程学习的知识点相配合,以帮助读者通过上机实践加深对课程内容的理解,更好地掌握数据库的基本操作。每个实验包括实验目的、实验内容和实验思考与练习三项内容。其中,"实验内容"包括适当的操作提示,以帮助读者完成操作练习;"实验思考与练习"作为实验内容的补充,留给读者结合上机操作进行思考,读者可以根据实际情况从中选择部分内容作为上机练习。

(2) 习题选解部分按照课程内容体系提供了大量的习题并给出了参考答案,可以作为课程学习或准备各种计算机考试的辅助材料。在使用这些题解时,读者应重点理解和掌握与题目相关的知识点,而不要"死记"答案,应在阅读教材的基础上再来做题,通过做题达到强化、巩固和提高的目的。

(3) 模拟试题部分参考计算机等级考试对 Access 的基本要求和考试题型提供了两套笔试模拟试题和两套机试模拟试题,旨在帮助读者检验学习效果,熟悉考试要求与考试方式。

(4) 应用案例部分在课程学习的基础上加以扩展,以培养数据库应用开发能力为目标,通过对一个小型数据库应用系统设计与实现过程的分析,帮助读者掌握开发 Access 2010 数据库应用系统的一般设计方法与实现步骤,这个案例对读者进行系统开发起到示范或参考作用。

　　本书集实验、习题、试题和案例于一体,内容丰富,实用性强,且具有启发性和综合性,适合作为高等学校数据库应用课程的教学参考书,也可供社会各类计算机应用人员阅读参考。

　　本书由刘卫国主编定稿,参与编写工作的有童键、严晖、刘泽星等。清华大学出版社的编辑为本书的策划、出版做了大量工作,在此表示衷心的感谢。由于作者学识水平有限,书中难免存在疏漏之处,恳请广大读者批评指正。

作　者

2020 年 8 月

第 1 版前言

数据库技术自 20 世纪 60 年代中期产生以来,无论是理论还是应用都变得相当重要和成熟,成为计算机领域中发展最快的学科分支之一,也是应用很广、实用性很强的一门技术。随着计算机技术的发展,特别是计算机网络和 Internet 技术的发展,数据库技术被应用到了社会生活的各个领域,成为信息化建设的重要技术支撑。

Access 数据库管理系统是集成在 Office 套装软件中的一个组件,它具有界面友好、易学实用的特点,适用于中小型数据管理应用场合,既可以用于本地数据库,也可以用于网络环境。从教学的角度讲,Access 很适合初学者理解和掌握数据库的概念与操作方法。Access 2010 是 Access 的较新版本,与原来的版本相比,Access 2010 除了继承和发扬以前版本功能强大、界面友好、操作方便等优点外,在界面的易操作性方面、数据库操作与应用方面进行了很大的改进。

学习数据库的基础知识,掌握 Access 2010 数据库的基本操作,不能仅限于纸上谈兵,还要进行大量的上机实践与作业练习。本书是与《数据库技术与应用——Access 2010》配套的教学参考书。全书包括实验指导、习题选解、模拟试题和应用案例 4 个部分的内容。

实验指导部分根据课程的基本要求设计了 12 个实验,每个实验都和课程学习的知识点相配合,以帮助读者通过上机实践加深对课程内容的理解,更好地掌握数据库的基本操作。每个实验包括实验目的、实验内容和实验思考等内容,其中,"实验内容"包括适当的操作提示,以帮助读者完成操作练习;"实验思考"作为实验内容的扩充,留给读者结合上机操作进行思考,读者可以根据实际情况从中选择部分内容作为上机练习。

习题选解部分按照课程内容体系提供了大量的习题并给出了参考答案,可以作为课程学习或参加各种计算机考试的辅助材料。在使用这些题解时,读者应重点理解和掌握与题目相关的知识点,而不要死记答案,应在阅读教材的基础上做题,通过做题达到强化、巩固和提高的目的。

模拟试题部分参考全国计算机等级考试对 Access 的基本要求和考试题型提供了两套笔试模拟试题和两套机试模拟试题,其中很多题来源于计算机等级考试试卷,旨在帮助读者检验学习效果,熟悉全国计算机等级考试的要求与考试方式。这里需要提醒读者注意的是,全国计算机等级考试中"计算机基础知识"部分的内容不是本课程的教学内容,需要读者阅读其他相关文献资料。此外,读者还要熟悉全国计算机等级考试的无纸化考试方式。

应用案例部分在课程学习的基础上加以扩展,以培养数据库应用开发技术为目标,通过对一个小型数据库应用系统设计与实现过程的分析,帮助读者掌握开发 Access 2010 数据库应用系统的一般设计方法与实现步骤,该案例对读者进行系统开发能起到示范或参考作用。

　　本书集实验、习题、试题和案例于一体,内容丰富、实用性强,且具有启发性和综合性,适合作为高等学校数据库应用课程的教学参考书,也可供社会各类计算机应用人员阅读参考。

　　本书第 1 部分和第 2 部分由蔡立燕编写,第 3 部分和第 4 部分由刘卫国编写,全书由刘卫国主编定稿。此外,参与部分编写工作的还有熊拥军、王鹰、文碧望、石玉、欧鹏杰、刘苏洲、伍敏、胡勇刚、孙士闯、周克涛等。清华大学出版社的编辑对本书的策划、出版做了大量的工作,在此表示衷心的感谢。

　　由于编者水平有限,书中难免存在不足之处,恳请广大读者批评指正。

编　者
2014 年 3 月

目　录

VI

第1部分   实 验 指 导

实验指导部分根据课程的基本要求设计了 12 个实验,每个实验都和课程学习的知识点相配合,以帮助读者通过上机实践加深对课程内容的理解,从而更好地掌握数据库的基本操作。为了达到理想的实验效果,希望读者能做到以下 3 点。

(1) 实验前要认真准备,根据实验目的和实验内容复习好实验中要用到的概念与操作步骤,做到胸有成竹,提高上机效率。

(2) 实验过程中要积极思考,注意归纳各种操作的共同规律,分析操作结果以及各种屏幕信息的含义。

(3) 实验后要认真总结,总结本次实验有哪些收获,还存在哪些问题,并写出实验报告。

实验 1   Access 2010 操作环境

1. 实验目的

(1) 熟悉 Access 2010 的操作界面及常用操作方法。

(2) 掌握利用数据库模板创建数据库的方法。

(3) 通过"罗斯文"示例数据库了解 Access 2010 的功能,熟悉常用的数据库对象。

(4) 学会查找 Access 2010 的相关帮助信息。

2. 实验内容

(1) 启动 Access 2010。

Access 2010 的启动与一般 Windows 应用程序的启动相同,基本方法及操作过程如下。

① 在 Windows 桌面上单击"开始"按钮,然后依次选择"所有程序"→Microsoft Office→Microsoft Access 2010 命令。

② 在 Windows 桌面上建立 Access 2010 的快捷方式,然后双击相应的快捷方式图标。

③ 利用 Access 2010 数据库文件关联启动 Access 2010,方法是双击任何一个 Access 2010 数据库文件,这时会启动 Access 2010 并进入 Access 2010 主窗口。

(2) 快速访问工具栏的操作。

① 自定义快速访问工具栏。单击快速访问工具栏右侧的下拉按钮,将弹出"自定义快速访问工具栏"下拉菜单,选择"其他命令",将弹出"Access 选项"对话框中的"自定义快速访问工具栏"设置界面。在其中选择要添加的命令,然后单击"添加"按钮。

用户也可以选择"文件"→"选项"命令,然后在弹出的"Access 选项"对话框的左侧窗格中选择"快速访问工具栏"选项,进入"自定义快速访问工具栏"设置界面。

② 查看添加了若干命令按钮后的自定义快速访问工具栏。

③ 删除自定义快速访问工具栏。在"Access 选项"对话框的"自定义快速访问工具栏"设置界面右侧的列表中选择要删除的命令,然后单击"删除"按钮。用户也可以在列表中双击该命令实现添加或删除。完成后单击"确定"按钮。

④ 在"自定义快速访问工具栏"设置界面中单击"重置"按钮,将快速访问工具栏恢复到默认状态。

(3) Access 2010 提供了一个示范数据库——"罗斯文"数据库,通过查看"罗斯文"数据库中的数据表、查询、窗体、报表等对象可以展示 Access 的功能,获得对 Access 2010 数据库的初步认识。

在 Access 2010 启动窗口的"可用模板"区域中单击"样本模板"按钮,从列出的 12 个模板中选择"罗斯文"模板,并单击右侧的"创建"按钮,然后在导航窗格中查看、打开各种数据库对象。

① 在导航窗格中选择"表"对象,双击"产品"表,在数据表视图中查看表中的数据记录。

② 单击"开始"选项卡,在"视图"命令组中单击"视图"下拉按钮,从下拉菜单中选择"设计视图"命令,切换到设计视图,查看表中各个字段的定义,如字段名称、数据类型、字段大小等,然后关闭设计视图窗口。

③ 在导航窗格中选择"查询"对象,双击"产品订单数"查询对象,在数据表视图下查看运行查询所返回的记录集合。

④ 单击"开始"选项卡,在"视图"命令组中单击"视图"下拉按钮,从下拉菜单中选择"设计视图"命令,查看创建和修改查询时的用户界面。

⑤ 单击"开始"选项卡,在"视图"命令组中单击"视图"下拉按钮,从下拉菜单中选择"SQL 视图"命令,查看创建查询时所生成的 SQL 语句,然后关闭 SQL 视图窗口。

⑥ 在导航窗格中选择"窗体"对象,双击"产品详细信息"窗体对象,在窗体视图下查看窗体的运行结果,并单击窗体下方的箭头按钮,在不同记录之间移动。

⑦ 单击"开始"选项卡,在"视图"命令组中单击"视图"下拉按钮,从下拉菜单中选择"设计视图"命令,查看设计窗体时的用户界面。

⑧ 在导航窗格中选择"报表"对象,双击"供应商电话簿"报表对象,查看报表的布局效果。

⑨ 单击"开始"选项卡,在"视图"命令组中单击"视图"下拉按钮,从下拉菜单中选择"设计视图"命令,查看设计报表时的用户界面。

(4) 设置 Access 2010 选项。

在 Access 2010 窗口中选择"文件"→"选项"命令,将弹出"Access 选项"对话框。在左侧窗格中选择"当前数据库"选项,并设置"显示状态栏""显示文档选项卡""关闭时压缩""显示导航窗格""允许默认快捷菜单"等选项,然后单击"确定"按钮。

注意:观察设置前后 Access 2010 工作界面的差别。

(5) 查阅常用函数的帮助信息。

按 F1 功能键或单击功能区右侧的"帮助"按钮来获取 Date、Day、Month、Now 等函数的帮助信息,从而了解和掌握这些函数的功能。

（6）退出 Access 2010。

如果要退出 Access 2010,可以使用以下 4 种常用方法。

① 在 Access 2010 窗口中选择"文件"→"退出"命令。

② 单击 Access 2010 窗口右上角的"关闭"按钮。

③ 双击 Access 2010 窗口左上角的控制菜单图标；或单击控制菜单图标,从弹出的菜单中选择"关闭"命令；或按 Alt＋F4 快捷键。

④ 右击 Access 2010 窗口标题栏,在弹出的快捷菜单中选择"关闭"命令。

3. 实验思考与练习

（1）Access 2010 的功能区中包括哪些选项卡？每个选项卡包含哪些命令？各自的作用是什么？

（2）"文件"菜单中的"关闭数据库"命令和"退出"命令有什么区别？有时候"关闭数据库"命令呈灰色,这是为什么？

（3）利用 Access 2010 的"营销项目"数据库模板创建"营销项目"数据库,在导航窗格中按"对象类型"来组织数据库对象,然后分别打开"营销项目"数据库的"表""查询""窗体""报表"等数据库对象,分析各种数据库对象的特点与作用。

（4）查阅 Access 2010 中"创建表达式"的帮助信息。

实验 2　数据库的创建与管理

1. 实验目的

（1）熟悉 Access 2010 导航窗格的作用及操作。

（2）掌握创建 Access 2010 数据库的方法。

（3）了解 Access 2010 数据库的常用操作。

2. 实验内容

（1）在导航窗格中对数据库对象进行操作。

右击导航窗格中的任何对象将弹出快捷菜单,所选对象的类型不同,快捷菜单命令也会不同。通过选择其中的命令可以进行一些相关操作,如打开、复制、删除、重命名数据库对象等。

① 打开"罗斯文"数据库中的"员工"表。先打开"罗斯文"数据库,在导航窗格中双击"员工"表,"员工"表即被打开。用户也可以右击"员工"表,在快捷菜单中选择"打开"命令打开该表。若要关闭数据库对象,可以单击相应对象文档窗口右上角的"关闭"按钮,也可以右击相应对象的文档选项卡,在弹出的快捷菜单中选择"关闭"命令。

② 打开多个对象,这些对象都会出现在选项卡式文档窗口中,只要单击需要的文档选项卡就可以将对象的内容显示出来。

③ 在导航窗格的"表"对象中选择需要复制的表,右击,在弹出的快捷菜单中选择"复制"命令。然后右击导航窗格,在快捷菜单中选择"粘贴"命令,即生成表的一个副本。

④ 通过数据库对象快捷菜单还可以对数据库对象实施其他操作,包括数据库对象的重命名、删除,查看数据库对象的属性等。

注意：在删除数据库对象前必须先将此对象关闭。

(2) 更改默认数据库文件夹。

选择"文件"→"选项"命令,然后在"Access 选项"对话框的左侧窗格中选择"常规"选项,在"创建数据库"区域中将新的文件夹位置输入"默认数据库文件夹"文本框中(如 D:\Access 2010),或单击"浏览"按钮选择新的文件夹位置,再单击"确定"按钮。

(3) 建立空的"图书管理"数据库。

① 在 Access 2010 窗口中选择"文件"→"新建"命令。

② 单击"空数据库"按钮,在右侧的"文件名"文本框中输入"图书管理",然后单击右侧的文件夹图标,在弹出的"文件新建数据库"对话框中设置存储位置(如 D:\Access 2010),单击"确定"按钮回到 Access 窗口,再单击"创建"按钮。

(4) 查看"图书管理"数据库的属性。

在 Access 2010 主窗口中单击"文件"选项卡,然后单击右侧的"查看和编辑数据库属性"链接,即可弹出相应数据库的属性对话框,在该对话框中切换不同的选项卡,可以查看数据库的属性。

(5) 关闭和打开"图书管理"数据库文件。

如果要关闭一个已经打开的数据库文件,可以选择"文件"→"关闭数据库"命令。

如果要打开一个已经存储在磁盘上的数据库文件,既可以在数据库所在的磁盘位置直接双击该文件,也可以通过"文件"→"打开"命令打开。

3. 实验思考与练习

(1) 在创建或打开数据库后,Access 2010 窗口有何特点?

(2) 在"Access 选项"对话框中完成下列设置。

① 在"数据表"选项卡中设置"网格线和单元格效果"和"默认字体"。

② 在"客户端设置"选项卡的"高级"命令组中设置"默认打开模式",在"客户端设置"选项卡的"常规"命令组中设置创建数据库时的"使用四位数年份格式"。

(3) 创建空的"商品供应"数据库并查看其属性。

(4) 关闭"商品供应"数据库,再以独占方式打开。

实验 3　表的创建与管理

1. 实验目的

(1) 掌握创建表的方法。

(2) 掌握设置表属性的方法。

(3) 理解表间关系的概念并掌握建立表间关系的方法。

(4) 掌握表中记录的编辑方法及各种维护与操作方法。

2. 实验内容

在创建"图书管理"数据库时,约定任何读者可以借多种图书,任何一种图书可以被多个读者借阅,所以"读者"实体和"图书"实体是多对多的关系,其 E-R 图如图 1-1 所示。

将 E-R 图转换为等价的关系模型如下:

读者(读者编号,读者姓名,单位,电话号码,照片)

图书(图书编号,图书名称,作者,定价,出版社名称,出版日期,是否借出,图书简介)
借阅(读者编号,图书编号,借阅日期)

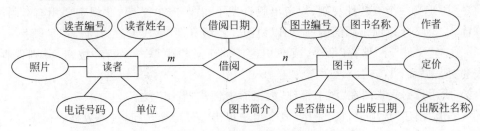

图 1-1 "读者"实体和"图书"实体的 E-R 图

3 个表的结构分别如表 1-1～表 1-3 所示。

表 1-1 "读者"表的结构

字段名称	数据类型	字段大小
读者编号	文本	6
读者姓名	文本	10
单位	文本	20
电话号码	文本	8
照片	OLE 对象	

表 1-2 "图书"表的结构

字段名称	数据类型	字段大小
图书编号	文本	5
图书名称	文本	50
作者	文本	10
定价	货币	
出版社名称	文本	20
出版日期	日期/时间	
是否借出	是/否	
图书简介	备注	

表 1-3 "借阅"表的结构

字段名称	数据类型	字段大小
读者编号	文本	6
图书编号	文本	5
借阅日期	日期/时间	

（1）使用设计视图在"图书管理"数据库中创建"读者"表和"图书"表。

① 打开"图书管理"数据库,单击"创建"选项卡,在"表格"命令组中单击"表设计"命令按钮,打开表的设计视图。

② 在表设计视图中定义数据表中的所有字段,即定义每个字段的字段名、数据类型并设置相关的字段属性。例如,将"图书"表中的"出版日期"格式设置为"长日期"显示格式,并且为该字段定义一个有效性规则,规定出版日期不得早于 2017 年,此规定要用有效性文本"不许输入 2017 年以前出版的图书"加以说明,"出版日期"字段设置为"必需"字段。

③ 选择"文件"→"保存"命令,或在快速访问工具栏中单击"保存"按钮,分别保存"读者"表和"图书"表。

(2) 使用数据表视图在"图书管理"数据库中创建"借阅"表。

① 单击"创建"选项卡,在"表格"命令组中单击"表"命令按钮,进入数据表视图。

② 选中 ID 字段列,在"表格工具/字段"选项卡的"属性"命令组中单击"名称和标题"命令按钮,弹出"输入字段属性"对话框,在"名称"文本框中输入字段名"读者编号",或双击 ID 字段列,使其处于可编辑状态,将其改为"读者编号"。

③ 选中"读者编号"字段列,在"表格工具/字段"选项卡的"格式"命令组中把"数据类型"由"自动编号"改为"文本",在"属性"命令组中把"字段大小"设置为"6"。

④ 单击"单击以添加"列标题,选择字段类型,然后在其中输入新的字段名并修改字段大小,这时在右侧又添加了一个"单击以添加"列。接下来用同样的方法输入其他字段。

⑤ 保存"借阅"表。

(3) 向表中输入记录数据,记录内容分别如表 1-4~表 1-6 所示,要求使用查阅向导对"读者"表中的"单位"字段进行设置,输入时从"经济学院""管理学院""法学院""文学院"4 个值中选取。"读者"表中的"照片"字段任选 2~3 个记录输入,内容自定(需要准备. bmp 格式的图片文件)。

表 1-4 "读者"表的内容

读者编号	读者姓名	单位	电话号码	照片
200001	李富益	经济学院	82658123	
300002	杜好胜	管理学院	82659213	
400003	张美莉	法学院	82657080	
200004	程思佳	经济学院	82658991	
100005	鲁慧赏	文学院	82657332	

表 1-5 "图书"表的内容

图书编号	图书名称	作者	定价	出版社名称	出版日期	是否借出	图书简介
N1001	市场营销学(第六版)	吴健安	59.00	清华大学出版社	2017-11-1	否	
N1003	政治经济学(第五版)	程恩富	45.00	高等教育出版社	2019-1-1	否	
N1012	大数据金融	刘晓星	79.00	清华大学出版社	2018-11-1	否	
D1002	物流信息管理	梁雯	59.00	清华大学出版社	2019-12-1	是	
D1004	国际贸易实务(第 3 版)	张燕芳	36.00	人民邮电出版社	2020-8-1	是	
D1005	证券投资学(第 2 版)	杨兆廷	39.00	人民邮电出版社	2019-11-1	是	
M1006	货币银行学(第五版)	王晓光	68.00	清华大学出版社	2019-1-1	是	

表 1-6 "借阅"表的内容

读者编号	图书编号	借阅日期
200001	N1001	2020-3-10
200001	D1002	2020-2-15
300002	N1003	2020-3-11
400003	D1004	2020-3-10
200004	D1004	2020-2-15
200004	D1005	2019-12-27
200004	M1006	2020-2-18
100005	N1003	2020-1-11
100005	M1006	2019-12-10

（4）定义"图书"表、"读者"表和"借阅"表之间的关系。

① 单击"数据库工具"选项卡，在"关系"命令组中单击"关系"命令按钮，打开"关系"窗口，同时弹出"显示表"对话框，依次在其中添加"图书"表、"读者"表和"借阅"表，再关闭"显示表"对话框。

② 从"图书"表中将"图书编号"字段拖动到"借阅"表中的"图书编号"字段上，在弹出的"编辑关系"对话框中选中"实施参照完整性"复选框，单击"创建"按钮。同样，可以建立"读者"表和"借阅"表之间的关系。

（5）将"图书"表中的数据按"定价"字段升序排列。在数据表视图中打开"图书"表，选定"定价"字段，然后单击"开始"选项卡，在"排序和筛选"命令组中单击"升序"命令按钮。

（6）使用"高级筛选"操作在"图书"表中筛选出清华大学出版社在 2019 年出版的图书记录，且将记录按"出版日期"降序排列。

① 单击"开始"选项卡，在"排序和筛选"命令组中单击"高级"命令按钮，在弹出的菜单中选择"高级筛选/排序"命令，打开筛选窗口，在该窗口中设置筛选条件，并在"出版日期"列的"排序"行选择"降序"选项。

② 单击"开始"选项卡，在"排序和筛选"命令组中单击"应用筛选/排序"命令按钮，查看筛选的记录结果。

（7）设置"图书"表的外观格式。

① 用数据表视图打开"图书"表，单击"开始"选项卡，在"文本格式"命令组中设置字体为"华文行楷"、字体颜色为"蓝色"、字号为 12。

② 单击"文本格式"命令组右下角的"设置数据表格式"按钮，弹出"设置数据表格式"对话框，在其中设置背景色为"水绿色"，并取消水平方向上的网格线，单击"确定"按钮。

③ 右击"出版社名称"字段，在弹出的快捷菜单中选择"隐藏字段"命令，将"出版社名称"列隐藏起来。

④ 右击"图书名称"字段和"作者"字段，在弹出的快捷菜单中选择"冻结字段"命令，冻结"图书名称"列和"作者"列。

⑤ 查看外观格式效果，然后取消隐藏字段和冻结字段。

3. 实验思考与练习

（1）在"商品供应"数据库中，"供应商"实体与"商品"实体之间存在着"供应"联系，每个供应商可供应多种商品,每种商品可由多个供应商供应,每个供应商供应每种商品都有"供应数量"属性,画出其 E-R 图,并将 E-R 图转换成关系模型。

对应的 E-R 图请读者自行完成,相应的 E-R 图可转换成以下 3 个关系模式:

供应商(供应商号,供应商名,地址,联系电话,银行账号)

商品(商品号,商品名,单价,出厂日期,库存量)

供应(供应商号,商品号,供应数量)

在"商品供应"数据库中创建以上 3 个表并输入相关数据(见表 1-7～表 1-9)。

(2) 在"供应"表中增加"供货日期"字段,并将该字段的输入掩码设置为"××××年××月××日"。然后将"供应"表中的"供应数量"字段的有效性设置为小于 10,将有效性文本设置为"供应数量应小于 10"。

表 1-7　"供应商"表的内容

供应商号	供应商名	地址	联系电话	银行账号
GF01	梅斯莱斯公司	芙蓉中路 114 号	82764576	213501298455
GF02	通达公司	南二环路 353 号	85490666	237654278543
DY03	华美达公司	黄鹤大道 91 号	88809544	348754267633
ZL04	布雷顿公司	湘府大道 88 号	85467367	752589266787

表 1-8　"商品"表的内容

商品号	商品名	单价	出厂日期	库存量
XYJ750	洗衣机	1200	2020-3-14	120
XYJ756	洗衣机	2400	2019-5-7	90
YX430	音响	3100	2019-12-7	554
YX431	音响	1500	2019-4-23	67
DBX12	电冰箱	1500	2019-10-21	67
DBX31	电冰箱	3100	2020-1-17	39
DSJ120	电视机	5600	2019-6-27	187
DSJ121	电视机	12 000	2019-7-5	180

表 1-9　"供应"表的内容

供应商号	商品号	供应数量
GF01	XYJ750	20
DY03	XYJ750	35
GF01	XYJ756	12
ZL04	YX430	6
ZL04	YX431	29
GF02	DSJ121	6
DY03	DSJ120	47
DY03	DBX12	15
DY03	DBX31	5

（3）"供应商"表、"商品"表和"供应"表的主关键字、外部关键字及表间的联系类型是什么？将3个表按相关的字段建立联系，并为建立的联系实施参照完整性、设置级联更新和级联删除。

（4）验证参照完整性。

① 级联更新相关字段。

当主表中的关键字值改变时，相关表中的相关记录会用新值更新。例如"商品"表和"供应"表，对于"商品"表中原商品号为 XYJ750 的商品，将其商品号改为 XYJ755，保存并关闭"商品"表后，打开"供应"表，发现原商品号为 XYJ750 的记录的商品号均变为 XYJ755。

② 级联删除相关记录。

在删除主表中的记录时，会删除相关表中的相关记录。例如，打开"商品"表，定位到"商品"表的第5行记录，删除第5~7行记录，观察"供应"表中的相关记录是否被级联删除。

（5）打开"商品"表，将"商品名"字段隐藏，然后将其显示，再冻结此列。

（6）设置表格式。其中，背景色为"白色"，网格线显示方式为"垂直"，字体为"宋体"，字号为11，颜色为"深蓝"色。

（7）使用高级筛选操作从"商品"表中筛选出单价在1500元以上且库存量大于100的商品记录。

（8）在"供应"表中先按"商品号"字段升序排列，若商品号相同，再按"供应数量"降序排列。

实验4　查询的创建与操作

1. 实验目的

（1）理解查询的概念与功能。

（2）掌握查询条件的表示方法。

（3）掌握创建各种查询的方法。

2. 实验内容

（1）利用"查找重复项查询向导"查找同一本书的借阅情况，包含图书编号、读者编号和借阅日期，将查询对象保存为"同一本书的借阅情况"。

① 打开"图书管理"数据库，单击"创建"选项卡，在"查询"命令组中单击"查询向导"命令按钮，弹出"新建查询"对话框，在其中双击"查找重复项查询向导"选项，然后在弹出的对话框中选择"借阅"表，单击"下一步"按钮。

② 将"图书编号"字段添加到"重复值字段"列表框中，然后单击"下一步"按钮。

③ 选择其他字段，然后单击"下一步"按钮。

④ 按要求为查询命名，单击"完成"按钮。

（2）查询"经济学院"读者的借阅信息，要求显示读者编号、读者姓名、图书名称和借阅日期，并按书名排序。

① 打开"图书管理"数据库，单击"创建"选项卡，在"查询"命令组中单击"查询设计"命令按钮，打开查询设计视图窗口，并弹出"显示表"对话框。

② 在"显示表"对话框中双击"图书"表、"读者"表和"借阅"表，然后单击"关闭"按钮关闭"显示表"对话框。

③ 分别双击"读者"表中的"读者编号""读者姓名""单位"字段，双击"图书"表中的"图书名称"字段，双击"借阅"表中的"借阅日期"字段，将它们添加到"字段"行的第 1 列～第 5 列中。

④ 由于"读者"表的"单位"字段只作为查询条件，不显示其内容，应该取消"单位"字段的显示，即单击"单位"字段的"显示"行上的复选框，这时复选框内变为空白。然后在"单位"字段的"条件"行中输入"经济学院"。

⑤ 保存并运行查询。

（3）创建一个名为"借书超过 60 天"的查询，查找读者编号、读者姓名、图书名称、借阅日期等信息。

其操作步骤与第（2）题类似。在查询设计视图中设置"借书超过 60 天"的条件可以表示为"Date()－借阅日期＞60"。

（4）创建一个名为"平均价格"的查询，统计各出版社图书价格的平均值，查询结果中包括"出版社名称"和"平均定价"两项信息，并按"平均定价"降序排列。

其操作步骤与第（2）题基本类似。这里需要在"显示/隐藏"命令组中单击"汇总"命令按钮，在设计网格中插入一个"总计"行。该查询的分组字段是"出版社名称"，要实施的总计方式是"平均值"，选择"定价"字段作为计算对象。

（5）创建一个名为"查询部门借书情况"的生成表查询，将"经济学院"和"法学院"两个单位的借书情况（包括读者编号、读者姓名、单位、图书编号）保存到一个新表中，新表的名称为"部门借书登记"。

① 打开查询设计视图，将"读者"表和"借阅"表添加到查询设计视图的字段列表区中。

② 双击"读者"表中的"读者编号""读者姓名""单位"字段，将它们添加到设计网格的第 1 列～第 3 列中。双击"借阅"表中的"图书编号"字段，将它添加到设计网格的第 4 列中。在"单位"字段的"条件"行中输入"经济学院 Or 法学院"，用户也可以利用"或"条件在"单位"字段的"条件"行中输入"经济学院"，同时，在"单位"字段的"或"行中输入"法学院"。

③ 在"查询工具/设计"选项卡的"查询类型"命令组中单击"生成表"命令按钮，这时将弹出"生成表"对话框。在"表名称"下拉列表框中输入新表的名称，并选中"当前数据库"单选按钮，将新表放入当前打开的"图书管理"数据库中，然后单击"确定"按钮。

④ 运行查询后将生成一个新的表对象，在导航窗格中找到新生成的表，双击打开并查看其内容。

3．实验思考与练习

对于"商品供应"数据库完成下列操作。

（1）利用简单查询向导查询商品供应信息，要求显示商品名、最大供应数量、最小供应数量和平均供应数量，并设置平均供应数量的小数位数为 1。

（2）使用交叉表查询向导创建各供应商供应的各种不同商品的总供应数量。

（3）设计参数查询,根据"商品号"查询不同商品的商品名和单价。

（4）查询各个供应商的供货信息,包括供应商号、供应商名、联系电话及供应的商品名、供应数量。

（5）求出"商品"表中所有商品的最高单价、最低单价和平均单价。

（6）查询高于平均单价的商品。

（7）查询电视机(商品号以"DSJ"开头)的供应商名和供应数量。

（8）将"商品"表复制一份,复制后的表名为"New商品",然后创建一个名为"更改商品名"的更新查询,将"New商品"表中"商品名"为"电视机"的字段值改为"彩色电视机"。

实验 5　SQL 查询的操作

1. 实验目的

（1）理解 SQL 的概念与作用。

（2）掌握应用 SELECT 语句进行数据查询的方法及各种子句的用法。

（3）掌握使用 SQL 语句进行数据定义和数据操纵的方法。

2. 实验内容

（1）使用 SQL 语句定义 Reader 表,其结构与"读者"表相同。

① 打开"图书管理"数据库,单击"创建"选项卡,在"查询"命令组中单击"查询设计"命令按钮,在弹出的"显示表"对话框中不选择任何表,进入空白的查询设计视图。

② 在"查询工具/设计"选项卡的"结果"命令组中单击"视图"下拉按钮,在下拉菜单中选择"SQL 视图"命令,进入 SQL 视图窗口并输入 SQL 语句。用户也可以在"查询工具/设计"选项卡的"查询类型"命令组中选择"数据定义"命令,打开相应的查询窗口,在窗口中输入以下 SQL 语句。

```
CREATE TABLE Reader
(读者编号 Char(6) Primary Key,
  读者姓名 Char(10),
  单位 Char(20),
  电话号码 Char(8),
  照片 Image
)
```

③ 保存创建的数据定义查询并运行该查询。

④ 查看 Reader 表的结构。

（2）在 Reader 表中插入两条记录,内容自定。

在 SQL 视图中输入并运行以下语句。

```
INSERT INTO Reader(读者编号,读者姓名,单位,电话号码)
  VALUES("231109","朱智为","法学院","82656636")
INSERT INTO Reader(读者编号,读者姓名,单位,电话号码)
  VALUES("230013","蔡密斯","经济学院","82656677")
```

（3）在 Reader 表中删除编号为 231109 的读者的记录。

在 SQL 视图中输入并运行以下语句。

DELETE FROM Reader WHERE 读者编号 = "231109"

（4）利用 SQL 命令在"图书管理"数据库中完成下列操作。

① 查询"图书"表中定价在 25.00 元以上图书的信息，并将所有字段信息显示出来。

SELECT * FROM 图书 WHERE 定价> 25.00

② 查询至今没有人借阅的图书的书名和出版社。

SELECT 图书名称,出版社名称 FROM 图书 WHERE Not 是否借出

③ 查询姓"张"的读者的姓名和所在单位。

SELECT 单位,读者姓名 FROM 读者 WHERE 读者姓名 LIKE '张 % '

④ 查询"图书"表中定价在 25.00 元以上并且是今年或去年出版的图书的信息。

SELECT * FROM 图书 WHERE 定价> 25.00 And Year(Date()) – Year(出版日期)< = 1

⑤ 求出"读者"表中的总人数。

SELECT Count(*) AS 人数 FROM 读者

⑥ 求出"图书"表中所有图书的最高价、最低价和平均价。

SELECT Max(定价) AS 最高价,Min(定价) AS 最低价,Avg(定价) AS 平均价 FROM 图书

（5）根据"图书管理"数据库使用 SQL 语句完成以下查询。

① 在"读者"表中统计出每个单位的读者人数，并按单位降序排列。

SELECT 单位,Count(*) AS 总人数 FROM 读者 GROUP BY 单位 ORDER BY 单位 DESC

② 显示经济学院读者的借书情况，要求给出读者编号、读者姓名、单位及所借阅图书的名称、借阅日期等信息。

SELECT b.读者编号,b.读者姓名,b.单位,a.图书名称,c.借阅日期
   FROM 图书 a,读者 b,借阅 c
   WHERE a.图书编号 = c.图书编号 And b.读者编号 = c.读者编号 And b.单位 = "经济学院"

③ 在"读者"表中查找与"程思佳"在同一单位的所有读者的姓名和电话号码。

SELECT 读者姓名,电话号码 FROM 读者
   WHERE 单位 = (SELECT 单位 FROM 读者 WHERE 读者姓名 = "程思佳")

④ 查找当前至少借阅了两本图书的读者及所在单位。

SELECT 读者姓名,单位 FROM 读者 WHERE 读者编号 In
   (SELECT 读者编号 FROM 借阅 GROUP BY 读者编号 HAVING Count(*)> = 2)

⑤ 查找与"程思佳"在同一天借书的读者的姓名、所在单位及借阅日期。

SELECT 读者姓名,单位,借阅日期 FROM 读者,借阅
   WHERE 借阅.读者编号 = 读者.读者编号 And 借阅日期 In
(SELECT 借阅日期 FROM 借阅,读者

WHERE 借阅.读者编号 = 读者.读者编号 And 读者姓名 = "程思佳")

⑥ 列出 100005 号读者在 200004 号读者的最近借阅日期之后借阅的图书的编号和借阅日期。

SELECT 图书编号,借阅日期 FROM 借阅 WHERE 读者编号 = "100005" And 借阅日期> All
　(SELECT 借阅日期 FROM 借阅 WHERE 读者编号 = "200004")

3. 实验思考与练习

对于"商品供应"数据库,利用 SQL 命令完成下列操作。

(1) 显示各个供应商的供应数量。

(2) 查询单价高于平均单价的商品。

(3) 查询电视机(商品号以 DSJ 开头)的供应商名和供应数量。

(4) 查询各个供应商的供货信息,包括供应商号、供应商名、联系电话及供应商品的名称、供应数量。

(5) 查询和 YX431 号商品库存量相同的商品的名称和单价。

(6) 查询库存量大于不同型号电视机平均库存量的商品的记录。

(7) 查询供应数量为 20~50 的商品的名称。

(8) 列出平均供应数量大于 20 的供应商号。

实验 6　窗体的创建

1. 实验目的

(1) 理解窗体的概念、作用和组成。

(2) 掌握创建窗体的方法。

(3) 掌握窗体样式和属性的设置方法。

2. 实验内容

(1) 使用窗体向导,以"图书"表作为数据源创建一个名为"图书"的窗体。

① 打开"图书管理"数据库,单击"创建"选项卡,在"窗体"命令组中单击"窗体向导"命令按钮。

② 在"窗体向导"对话框的"表/查询"下拉列表框中选择"图书"表作为窗体的数据源,然后选择需要用到的字段;在窗体布局中选中"纵栏表"单选按钮,创建纵栏式窗体;为窗体输入标题,并选择是要打开窗体还是要修改窗体设计。

③ 使用向导创建窗体结束后,如果各控件布局不符合使用习惯,可以打开窗体的设计视图,调整各控件的位置。

④ 以"图书"名称保存该窗体。

(2) 利用窗体的设计视图,以"图书"表作为数据源创建一个名为"图书信息"的窗体。

① 打开"图书管理"数据库,单击"创建"选项卡,在"窗体"命令组中单击"窗体设计"命令按钮。

② 在窗体设计视图的空白窗体中,将鼠标指针放在主体节中并右击,在弹出的快捷菜单中选择"窗体页眉/页脚"命令和"页面页眉/页脚"命令,使窗体中的各节均显示出来。在窗体页眉节中添加一个标签,标题为"图书信息",并设置它的字体、字号等属性。

③ 在"窗体设计工具/设计"选项卡的"工具"命令组中单击"添加现有字段"命令按钮,从弹出的"字段列表"任务窗格中选择所需要的字段,用鼠标拖到主体节中,然后把各字段的标签文本移动到窗体页眉节中并调整好位置和布局。

④ 在"视图"命令组中单击"窗体视图"命令,查看窗体效果。

⑤ 保存所创建的窗体。

(3) 以"读者"表和"借阅"表作为数据源创建"读者借阅信息"主/子窗体。

① 利用窗体向导或在设计视图中设计显示读者信息的主窗体。

② 在主窗体的主体节中建立子窗体。使"使用控件向导"选项处于选中状态,在主窗体设计视图中添加"子窗体/子报表"控件,此时会弹出"子窗体向导"对话框,在其中选中"使用现有的表和查询"单选按钮,进行下一步操作。

③ 选择所用的"借阅"表和"图书"表,并选择所需的字段,进行下一步操作。

④ 选中"从列表中选择"单选按钮,进行下一步操作。

⑤ 根据向导给子窗体确定一个名称,然后单击"完成"按钮,完成创建子窗体的过程。

(4) 在"图书管理"数据库中为"图书"窗体设定"华丽"主题格式。

① 打开"图书管理"数据库,在设计视图中打开"图书"窗体。

② 单击"窗体设计工具/设计"选项卡,在"主题"命令组中单击"主题"命令按钮。

③ 选择"华丽"主题格式,窗体随即会使用该主题格式。

④ 切换到窗体视图,查看窗体的显示效果。

(5) 利用窗体编辑"图书"表中的数据。

① 打开"图书管理"数据库,并在窗体视图中打开"图书"窗体。

② 在窗体的导航按钮栏上单击"新(空白)记录"按钮 ▶ 📄 。

③ 根据窗体中控件的提示信息输入表 1-10 中的数据。

表 1-10 "图书"表中的一条记录

图书编号	图书名称	作者	定价	出版社名称	出版日期	是否借出	图书简介
N1013	战略管理(第4版)	徐飞	49.00	中国人民大学出版社	2019-11-1	否	本书系统深入地介绍了战略管理的基本思想、分析工具、实用模型和实施方法。

④ 打开"图书"表,查看修改效果。

3. 实验思考与练习

对于"商品供应"数据库,利用窗体工具完成下列操作。

(1) 在窗体设计视图中创建"商品供应"窗体,通过"字段列表"按钮向窗体中添加"供应"表中的"供应商号""商品号""供应数量"字段,并在窗体视图中查看添加字段后的效果。

（2）创建图表窗体，用柱形图直观地显示不同商品的平均供应数量，要求横坐标为商品号、纵坐标为供应数量。

（3）用"数据透视表"命令创建数据透视表窗体，统计各供应商供应的各种不同商品的平均供应数量，保存为"商品透视表"。

（4）创建"商品"表与"供应"表的主/子窗体，要求子窗体的类型为"数据表"窗体，主窗体名为"商品主表"、子窗体名为"供应子表"。

（5）为"商品供应"窗体设定一种主题格式，在"属性表"任务窗格中设置"商品供应"窗体页眉的背景颜色为"红色"。

（6）打开"商品信息"窗体，分别为"商品"表增加一条新记录、删除一条记录。

实验 7　窗体控件的应用

1. 实验目的

（1）了解控件的类型及各种控件的作用。

（2）掌握窗体控件的添加和控件的编辑方法。

（3）掌握窗体控件的属性设置方法及控件排列布局的方法。

2. 实验内容

（1）分别向"图书信息"窗体的页眉、主体和页脚添加文本框，并观察运行效果。

① 打开"图书管理"数据库，并在设计视图中打开"图书信息"窗体，适当调整窗体的页眉、主体、页脚的大小。

② 单击"控件"命令组中的"文本框"命令按钮，然后在窗体的页眉、主体、页脚中单击，分别添加文本框，再分别选择文本框左侧的标签，将它们删除。

③ 选择窗体页眉中的文本框，然后右击，在弹出的快捷菜单中选择"属性"命令，打开"属性表"任务窗格，设置文本框的名称为 Text_Date，设置文本框的数据源为"＝Date()"，设置文本框的背景样式为"透明"。

④ 选择窗体主体中的文本框，在"属性表"任务窗格中设置文本框的名称为"Text_Book"，设置文本框的数据源为"图书名称"字段，设置文本框的特殊效果为"凸起"。

⑤ 选择窗体页脚中的文本框，在"属性表"任务窗格中设置文本框的名称为"Text_Content"，设置文本框的数据源为"＝IIf(Year([出版日期])＞2017,"新书","旧书")"，设置文本框的边框样式属性为"透明"、前景色为"深色文本"、字体粗细为"加粗"、文本对齐为"居中"。

⑥ 适当调整窗体的大小，然后保存该窗体，切换到窗体视图，查看添加的文本框的运行效果，必要时可以在设计视图与窗体视图中反复调整。

（2）在空白窗体中创建"图书列表"组合框，并观察运行效果。

① 打开"图书管理"数据库，新建一个空白窗体，然后切换到设计视图，单击"窗体设计工具/设计"选项卡，在"控件"命令组中选中"使用控件向导"选项。

② 单击"组合框"命令按钮，在窗体中要放置组合框的位置单击并拖动鼠标，松开鼠标将启动组合框向导。选中"使用组合框获取其他表或查询中的值"单选按钮，并单击"下一步"按钮。

③ 选择为组合框提供数据的表或查询,在此选择"表:图书",并单击"下一步"按钮。

④ 确定组合框中要包含表中的哪些字段,在向导中选定字段"图书编号""图书名称",并单击"下一步"按钮。

⑤ 对于组合框中的数据项可以设定排序字段,最多可以设定 4 个排序字段,字段可以升序排列,也可以降序排列,这里设定"图书编号"升序排列,并单击"下一步"按钮。

⑥ 指定组合框各列的宽度。在向导中会显示列表中的所有数据行,可以拖动列边框调整列的宽度,在此选中"隐藏键列(建议)"复选框,并单击"下一步"按钮。

⑦ 为组合框指定标签"图书编号",然后单击"完成"按钮,这样在窗体中就生成了一个显示所有图书名称的图书组合框。

⑧ 保存窗体,切换到窗体视图,查看窗体的运行效果。

(3) 利用控件向导在"图书信息"窗体中添加图片按钮。

① 打开"图书管理"数据库,然后打开需要添加图片按钮的"图书信息"窗体,切换到设计视图,单击"窗体设计工具/设计"选项卡,在"控件"命令组中选中"使用控件向导"选项。

② 在"控件"命令组中单击"按钮"命令按钮,在窗体的页眉位置单击,启动命令按钮向导。在"类别"中选择"窗体操作"选项,在"操作"中选择"打印窗体"选项,并单击"下一步"按钮。

③ 命令按钮向导中显示"请确定命令按钮打印的窗体",选择"图书信息"窗体,并单击"下一步"按钮。

④ 命令按钮向导中显示"请确定在按钮上显示文本还是显示图片",这里选择"图片",图片名称为"打印机",并单击"下一步"按钮。

⑤ 在命令按钮向导中设定命令按钮的名字为 Command_Print,单击"完成"按钮,这样一个图片命令按钮就在窗体上生成了。

⑥ 保存窗体,切换到窗体视图,然后单击命令按钮,查看命令按钮的效果。

(4) 利用选项卡控件,以"图书"表为数据源,创建一个名为"图书选项卡窗体"的窗体,该窗体中的选项卡包含两页内容,分别是"图书基本信息"和"图书详细信息"。

① 打开"图书管理"数据库,以"图书"为数据源创建一个空白窗体,然后保存窗体为"图书选项卡窗体",切换到设计视图。

② 在"控件"命令组中单击"选项卡控件"命令按钮,在窗体中要放置该选项卡的位置单击,添加一个选项卡,并适当调整该选项卡的大小。

③ 选择窗体中的选项卡控件,单击"窗体设计工具/设计"选项卡中的"属性表"命令按钮,打开"属性表"任务窗格。单击"页 1"选项卡,在"属性表"任务窗格中选择"格式"选项卡,将"标题"属性设置为"图书基本信息"。然后使用同样的方法,设置"页 2"选项卡的标题为"图书详细信息"。

④ 在"窗体设计工具/设计"选项卡的"工具"命令组中单击"添加现有字段"命令按钮,在出现的"字段列表"任务窗格中展开"图书"表,将"图书编号""图书名称""作者"字段从字段列表中拖动到"图书基本信息"选项卡中,将"图书"表中的其余字段拖动到"图书详细信

息"选项卡中。

⑤ 在"图书基本信息"选项卡中利用鼠标选中所有控件,然后单击"窗体设计工具/排列"选项卡的"调整大小和排序"命令组中的"对齐"命令按钮,将控件对齐。同样地,在"图书详细信息"选项卡中将控件对齐。

⑥ 保存窗体,切换到窗体视图,查看窗体的运行效果。

(5) 在"图书信息"窗体的页眉左上角插入图片,形成一个徽标,徽标会呈现在窗体标题之上。

① 打开"图书管理"数据库,然后在设计视图中打开"图书信息"窗体。

② 单击"窗体设计工具/设计"选项卡的"控件"命令组中的"图像"命令按钮,在窗体上单击要放置图片的位置,弹出"插入图片"对话框。在该对话框中找到并选中要使用的图片文件,单击"确定"按钮,即完成了在窗体上设置图片的操作。

③ 切换到窗体设计视图,适当调整窗体徽标和标题的位置,然后保存该窗体。

3. 实验思考与练习

在"商品供应"数据库中利用窗体控件完成下列操作。

(1) 打开"商品信息"窗体,切换到设计视图。

① 在窗体页眉上添加标签控件,显示内容为"商品基本信息",标签名称为"标签1",字体为隶书,字号为12。

② 在页面和页眉上添加文本框控件,显示当前的系统时间。

③ 在页面和页脚上显示"第×页共×页"。

④ 去掉网格。

(2) 打开"商品供应"窗体,切换到设计视图。

① 选中窗体选定器,打开窗体的"属性表"任务窗格,将"格式"选项卡中的"记录选择器"属性和"导航按钮"属性设置为"否"。

② 在窗体页脚中添加4个命令按钮,功能分别为浏览上一条记录、浏览下一条记录、删除记录、添加记录,全部用图标显示。

(3) 用自动创建窗体的方式创建"供应商信息"窗体,切换到设计视图。

① 在窗体页眉上添加一个标签控件,标题为"供应商信息",并设置超链接(超链接地址任意)。

② 在页面和页眉上添加一个标签控件,标题为"供应商信息",字体为隶书,字号为12。

③ 在页面和页眉上添加一个"图像"控件,内容任意。

④ 在页面和页脚上添加一个命令按钮,功能是单击后自动关闭窗体。

(4) 在设计视图中创建窗体,命名为"窗体1"。

① 在窗体的"属性表"任务窗格中设置记录源为"供应商"表,窗体标题为"供应商基本信息",窗体宽度为15cm,分隔线为"否",然后切换视图观察窗体的变化。

② 在主体节中加入文本框控件,控件来源为"地址"字段,背景样式为"透明"。

③ 在主体节中加入两个命令按钮控件(不使用向导),名称分别为butt1和butt2,标题分别为"确定"和"取消",宽度都为2,高度都为1。

④ 在主体节的最下方加入一条直线,宽度与窗体宽度相同,边框颜色为"红色128、绿色255、蓝色0",边框样式为虚线,边框宽度为2磅。

(5) 利用"窗体向导"创建一个窗体,来源于"商品供应"查询,所需字段为商品号、商品名、供应商名、供应数量。向导完成后,在主体节中添加一个矩形控件框住刚才自动生成的标签和文本框,将边框样式设置为虚线,边框宽度为2pt。在页面和页眉中添加一个文本框控件,显示总人数(输入"=Count([学号])"),并设置左边距为0cm、上边距为0cm、宽度为4cm、高度为2cm、边框宽度为2pt、边框样式为虚线。

实验 8 报表的创建与应用

1. 实验目的

(1) 理解报表的概念、作用和组成。

(2) 掌握创建报表的方法。

(3) 掌握报表控件的添加和编辑方法。

(4) 掌握报表控件的属性设置方法和控件排列布局的方法。

(5) 掌握报表样式和属性的设置方法。

2. 实验内容

(1) 使用"报表"方式,以"借阅"表为数据源创建一个"借阅"报表。

① 打开"图书管理"数据库,选中"借阅"表,单击"创建"选项卡,在"报表"命令组中单击"报表"命令按钮。

② 选择"文件"→"保存"命令,以"借阅"为名字保存该报表。

(2) 使用报表向导工具,以"读者"表和"图书"表为数据源创建包含图书信息的"读者"报表。

① 打开"图书管理"数据库,单击"创建"选项卡,在"报表"命令组中单击"报表向导"命令按钮。

② 弹出报表向导的第1个对话框,在向导的"表/查询"下拉列表框中选择一个表或查询。如果要创建读者主报表和图书子窗体,首先选择"表:读者",在此表中双击"读者编号""读者姓名"字段,然后选择"表:图书",在此表中双击"图书名称""作者""出版社名称"字段,并单击"下一步"按钮。

③ 选中"通过读者"选项,在报表向导右侧会显示一个小窗体视图,显示数据源字段的布局,并单击"下一步"按钮。

④ 报表向导显示"是否添加分组级别?",这里不添加分组级别,直接单击"下一步"按钮。

⑤ 报表向导显示"请确定明细记录使用的排序次序:",这里指定"图书名称"升序排列,并单击"下一步"按钮。

⑥ 报表向导显示"请确定报表的布局方式:",切换不同的选项,在对话框的左侧会显示布局的效果图。这里选择"块"方式,方向选择"纵向",单击"下一步"按钮。

⑦ 报表向导显示"请为报表指定标题:",这里输入标题为"读者",选中"预览报表"单选按钮。

⑧ 单击"完成"按钮，报表向导完成报表的创建，并自动切换到报表的"打印预览"视图。

（3）在"借阅"报表中添加图书分组汇总，显示不同图书的借阅人数。

① 打开"图书管理"数据库，在设计视图中打开"借阅"报表。

② 单击"报表设计工具/设计"选项卡，在"分组和汇总"命令组中单击"分组和排序"命令按钮，显示"分组、排序和汇总"窗格。单击"添加组"按钮，在"分组、排序和汇总"窗格中将添加一个新行，选择"图书编号"字段作为分组字段，保留排序次序为"升序"。

③ 在"分组、排序和汇总"窗格中设置分组属性，这里设定"有页眉节"和"有页脚节"，表示显示组页眉和组页脚；设置"按整个值"选项，表示以"图书编号"字段的不同值划分组，即值相同的为一组；设置"不将组放在同一页上"选项，表示输出时不把同组数据放在同一页上，而是依次打印。设置完属性后，关闭"分组、排序和汇总"窗格，则会在报表中添加组页眉和组页脚两个节，分别用"图书编号页眉"和"图书编号页脚"来标识。

④ 在"图书编号页脚"节添加一个文本框，将其"控件来源"属性设置为"="汇总："&［图书编号］& "(共" & Count(［读者编号］) & "条记录" & ")""，这样文本框中将显示详细的图书编号及记录数。

⑤ 保存报表，切换到报表视图，查看报表效果。

（4）使用"图表"控件创建图表报表，用折线图来表示不同图书定价的变化趋势。

① 打开"图书管理"数据库，在报表设计视图中单击"控件"命令组中的"图表"控件，弹出"图表向导"的第 1 个对话框，选择用于创建图表的表或查询，这里选择"图书"表，并单击"下一步"按钮。

② 弹出"图表向导"的第 2 个对话框，在"可用字段"列表框中选择需要用图表表示的"图书编号"字段和"定价"字段，并单击"下一步"按钮。

③ 弹出"图表向导"的第 3 个对话框，选择图表的类型为"折线图"，并单击"下一步"按钮。

④ 弹出"图表向导"的第 4 个对话框，按照向导提示调整图表布局，这里以"图书编号"为横坐标，以"定价"为纵坐标，并单击"下一步"按钮。

⑤ 弹出"图表向导"的最后一个对话框，指定图表的标题，然后单击"完成"按钮，则会立即显示设计结果。

（5）使用标签向导创建读者信息标签，包括读者编号、读者姓名、单位、电话号码等信息。

① 打开"图书管理"数据库，选中要作为标签数据源的"读者"表，然后单击"创建"选项卡的"报表"命令组中的"标签"命令按钮，弹出"标签向导"的第 1 个对话框，在该对话框中可以选择标签的型号、度量单位和标签类型，并单击"下一步"按钮。

② 弹出"标签向导"的第 2 个对话框，在"请选择文本的字体和颜色"中可以选择适当的字体、字号、字体粗细和文本颜色，并单击"下一步"按钮。

③ 弹出"标签向导"的第 3 个对话框，根据需要选择创建标签要使用的字段，这里选择"读者编号""读者姓名""单位""电话号码"等字段，并按照报表要求在每个字段前面添加"读者编号：""读者姓名：""单位：""电话号码："等提示文字，并单击"下一步"按钮。

④ 弹出"标签向导"的第 4 个对话框，为标签确定按哪些字段排序，这里选择"读者编号"字段，并单击"下一步"按钮。

⑤ 弹出"标签向导"的最后一个对话框,为新建的标签命名,并单击"完成"按钮,得到"读者信息"标签。

3. 实验思考与练习

对"商品供应"数据库进行下列操作。

(1) 先建立"商品供应信息"查询,再以该查询为数据源使用"报表向导"创建报表。选定字段为"商品号""商品名""供应商名""供应数量",按"商品号"分组,按"供应数量"升序排列,汇总平均值,显示"明细和汇总"。然后设置布局为"递阶""纵向",并保存为"商品供应 1"。

(2) 为第(1)题建立的报表添加日期和时间,要求在报表页面中用文本框控件表示,并将日期格式设置为"长日期"。

(3) 为第(1)题建立的报表添加页码,将"对齐"设置为"左",将"格式"设置为"第 N 页,共 M 页",将"位置"设置为"页面底端"。

(4) 创建图表报表,用柱形图显示不同商品的平均供应数量,要求横坐标为商品号,纵坐标为供应数量。

(5) 利用"报表向导"创建"商品供应信息"报表,数据源为"商品供应信息"查询,要求所有字段都要显示,查看方式为"通过商品供应表",按"商品号"分组,按"供应数量"降序排列。

(6) 使用标签向导创建标签报表"供应商信息",数据源为"供应商"表,标签型号为 C2245,度量单位为"公制",标签类型为"送纸",字体为"宋体",字号为"12",文本颜色为"255,0,0",字体粗细为"细"、"倾斜",显示字段为供应商名、地址、联系电话,要求一个字段占一行,每页上打印 3 列(在页面设置中设置)。

实验 9　宏的创建与应用

1. 实验目的

(1) 了解宏的分类、构成及作用。

(2) 掌握创建宏的方法。

(3) 掌握使用宏为窗体、报表或控件设置事件属性的方法。

2. 实验内容

(1) 在"图书管理"数据库中创建只有一个操作的宏,会自动弹出"图书"窗体。

① 打开"图书管理"数据库,单击"创建"选项卡,在"宏与代码"命令组中单击"宏"命令按钮,进入宏设计窗口。

② 单击"操作"列中的第 1 个空单元格,单击下拉箭头显示可用操作的列表,然后选择 OpenForm 操作。

③ 在 OpenForm 的操作参数中,"窗体名称"选择"图书","窗口模式"选择"对话框"。

④ 单击"保存"按钮保存该宏,将宏命名为"弹出图书窗体宏"。

⑤ 在"宏工具/设计"选项卡的"工具"命令组中单击"运行"命令按钮,运行该宏,会以对话框的模式弹出"图书"窗体。

（2）在"图书管理"数据库中创建并应用子宏。

① 打开"图书管理"数据库，进入宏设计视图窗口。

② 单击"创建"选项卡，在"宏与代码"命令组中单击"宏"命令按钮，进入宏设计窗口。

③ 在"操作目录"任务窗格中，把程序流程中的 Submacro 拖到"添加新操作"组合框中，在"子宏"文本框中默认名称为 Sub1，把该名称修改为"显示图书信息窗体"；用户也可以双击 Submacro 实现添加操作。

④ 在"添加新操作"列中选择 OpenForm 操作，将操作参数中的"窗体名称"选择为"图书信息"。

⑤ 在"操作目录"任务窗格中，把程序流程中的 Submacro 拖到"添加新操作"组合框中，在"子宏"文本框中输入下一个宏的名称"关闭图书信息窗体"。

⑥ 在"添加新操作"列中选择 Close 操作，将操作参数中的"对象类型"选择为"窗体"，将"对象名称"选择为"图书信息"。

⑦ 单击"保存"按钮，将宏命名为"控制图书信息窗体宏"。

⑧ 创建一个空白窗体，在设计视图中添加两个命令按钮。在添加命令按钮时，关闭"使用控件向导"选项，将命令按钮标题分别设置为"打开图书信息窗体"和"关闭图书信息窗体"。

⑨ 选中并右击"打开图书信息窗体"命令按钮，在弹出的快捷菜单中选择"属性"命令，显示命令按钮的"属性表"任务窗格，在"事件"选项卡中设置命令按钮的单击事件对应的宏为"控制图书信息窗体宏.打开图书信息窗体"。

然后以同样的方法设置"关闭图书信息窗体"命令按钮的单击事件对应的宏为"控制图书信息窗体宏.关闭图书信息窗体"。

⑩ 切换到窗体视图，单击"打开图书信息窗体"命令按钮就会打开"图书信息"窗体；单击"关闭图书信息窗体"命令按钮，就会关闭"图书信息"窗体。如果"图书信息"窗体没有打开，单击"关闭图书信息窗体"命令按钮，则不会出现响应事件。

（3）利用宏操作条件判断"图书名称"字段的输入是否正确。

① 打开"图书管理"数据库，在设计视图中打开"图书信息"窗体，同时打开其"属性表"任务窗格，在"属性表"任务窗格的对象列表中选择"图书名称"字段，单击"事件"选项卡，再单击"失去焦点"事件属性，然后单击旁边的 ⋯ 按钮，在"选择生成器"对话框中选择"宏生成器"选项，并单击"确定"按钮。

② 在"添加新操作"组合框中添加 IF 操作，在条件表达式文本框中设置表达式为"IsNull([图书名称])"，用户也可以单击条件表达式文本框右侧的按钮，在弹出的表达式生成器中生成表达式。然后在"添加新操作"组合框中单击下拉箭头，在打开的列表中选择MessageBox，在操作参数中将"消息"输入为"图书名称不能为空!"，在"类型"组合框中选择"警告!"，将"标题"输入为"错误提示"。

这一步操作的作用是，当"图书名称"字段失去焦点时判断该字段的输入是否为空，如果为空，则提示用户。

③ 在"添加新操作"组合框中添加 IF 操作，在条件表达式文本框中设置表达式为"Len

（[图书名称]）>50"，然后在"添加新操作"组合框中选择 MessageBox，在操作参数中将"消息"输入为"图书名称长度不能大于 50 位！"，将"类型"选择为"警告！"，将"标题"输入为"错误提示"。

这一步操作的作用是，当"图书名称"字段失去焦点时判断该字段输入的长度是否大于50 位。

④ 单击"保存"按钮，将"图书信息"窗体切换到窗体视图，在"图书"窗体上修改"图书名称"字段，如果字段为空或字段过长，当焦点转移到其他控件上时就会弹出警告，提示错误信息。

（4）创建自动运行宏，要求用户打开数据库后系统弹出欢迎界面。

① 打开"图书管理"数据库，在"创建"选项卡的"宏与代码"命令组中单击"宏"命令按钮，打开宏设计器窗口。

② 在"添加新操作"组合框中单击下拉箭头，在打开的列表中选择 MessageBox，然后将"消息"输入为"欢迎使用教学管理信息系统！"，在"类型"组合框中选择"信息"，其他参数默认。

③ 保存宏，宏名为 AutoExec。

④ 关闭数据库后重新打开"图书管理"数据库，宏自动执行，弹出一个消息框。

（5）利用宏在"图书"窗体中根据文本框控件中的"图书编号"查找相应记录。

① 打开"图书管理"数据库，在设计视图中打开"图书"窗体。

② 取消"使用控件向导"选项，在"图书"窗体的页眉处添加一个文本框，文本框为未绑定控件，修改文本框的名称为 Text_BookName，修改自动生成的关联标签名标题为"图书编号："。

③ 在文本框右侧添加一个按钮，修改按钮文本为"查找图书"。然后选择按钮，打开该按钮的"属性表"任务窗格，单击"事件"选项卡，选择"单击"事件属性，再单击框旁边的 ⋯ 按钮，在"选择生成器"对话框中选择"宏生成器"选项，并单击"确定"按钮。

④ 在"添加新操作"组合框中添加 IF 操作，在条件表达式文本框中设置表达式为"IsNull（[Forms].[图书].[Text_BookName]）"，在"添加新操作"组合框中单击 StopMacro 操作。这一步操作的作用是，当输入的图书编号为空时停止该宏的运行。

⑤ 在下一个"添加新操作"组合框中添加操作，选择 SetTempVar 操作，在操作参数中将"名称"输入为 SearchBookName，将表达式设置为"[Forms].[图书].[Text_BookName]"。

⑥ 在下一个"添加新操作"组合框中添加操作，选择 SearchForRecord 操作，在操作参数中将"记录"选择为"首记录"，在"当条件"中输入"="[图书编号]=′"&[TempVars]![SearchBookName] & "′""。

⑦ 在下一个"添加新操作"组合框中添加操作，选择 RemoveTempVar 操作，在操作参数中将"名称"输入为 SearchBookName。这一步操作的作用是删除临时变量。

⑧ 单击"保存"按钮，然后单击"关闭"按钮，关闭宏编辑器。

⑨ 将"图书"窗体切换到窗体视图，在"图书编号"关联的文本框输入一个图书编号，然后单击"查找图书"按钮，查看宏的运行效果。

3. 实验思考与练习

对于"商品供应"数据库,完成下列操作。

(1) 利用设计视图建立一个窗体,不设置数据源,将窗体标题设置为"测试窗体",完成以下操作(不用控件向导做)。

① 在窗体上添加一个按钮,将按钮标题设置为"打开商品表",命名为 btnOpenTable。

② 在窗体上添加一个按钮,将按钮标题设置为"打开商品信息窗体",命名为 btnOpenForm。

③ 在窗体上添加一个按钮,将按钮标题设置为"打开商品报表",命名为 btnOpenReport。

④ 在窗体上添加一个按钮,将按钮标题设置为"关闭",命名为 btnClose。

⑤ 调整 4 个按钮的位置,使界面整齐、美观,然后保存窗体为"测试窗体"。

(2) 对"测试窗体"完成以下操作。

① 设计一个宏,保存为"打开商品表",将"操作"设置为 OpenTable,"表名称"设置为"商品"表,"视图"设置为"数据表","数据模式"设置为"编辑"。

② 设计一个宏,保存为"打开商品信息窗体",将"操作"设置为 OpenForm,"窗体名称"设置为"商品信息","视图"设置为"窗体","数据模式"设置为"编辑","窗口模式"设置为"普通"。

③ 设计一个宏,保存为"打开商品报表",将"操作"设置为 OpenReport,"报表名称"设置为"商品 1","视图"设置为"打印预览"。

④ 设计一个宏,保存为"关闭窗体",将"操作"设置为 Close,"对象类型"设置为"窗体","对象名称"设置为"商品信息","保存"设置为"否"。

⑤ 将 btnOpenTable 的"单击"事件设置为"打开商品表",将 btnOpenForm 的"单击"事件设置为"打开商品信息窗体",将 btnOpenReport 的"单击"事件设置为"打开商品报表",将 btnClose 的"单击"事件设置为"关闭窗体"。

⑥ 切换到窗体视图,查看运行结果。

实验 10   VBA 程序设计基础

1. 实验目的

(1) 熟悉 VBE 编辑器的使用。

(2) 掌握 VBA 的基本语法规则以及各种运算量的表示和使用。

(3) 掌握 VBA 程序的 3 种流程控制结构,即顺序结构、选择结构和循环结构。

(4) 熟悉过程和模块的概念以及创建和使用方法。

(5) 掌握为窗体、报表或控件编写 VBA 事件过程代码的方法。

2. 实验内容

(1) 在"图书管理"数据库中创建一个标准模块"M1",并添加过程"P1"。

① 打开"图书管理"数据库,单击"创建"选项卡,在"宏与代码"命令组中单击"模块"命令按钮,打开 VBE 窗口。

② 在 VBE 窗口中选择"插入"→"过程"命令,弹出"添加过程"对话框,在"名称"文本框中输入过程名 P1。

③ 在代码窗口中输入一个名称为 P1 的子过程。

```
Public Sub P1()
    x = 10
    y = 20
    x = x + y
    y = x - y
    x = x - y
    Debug.Print "x = " & x
    Debug.Print "y = " & y
End Sub
```

④ 在 VBE 窗口中选择"视图"→"立即窗口"命令,打开立即窗口,然后在立即窗口中输入"Call P1()",并按 Enter 键,或单击 VBE 的"标准"工具栏中的"运行"按钮查看运行结果。

⑤ 单击 VBE 的"标准"工具栏中的"保存"按钮,输入模块名称为 M1,保存模块。

⑥ 单击 VBE 的"标准"工具栏中的"视图 Microsoft Office Access"按钮或按 Alt+F11 键,返回 Access。

(2) 输出 2～100 的素数。

① 在 VBE 窗口中选择"插入"→"模块"命令创建一个新的标准模块。

② 定义全局变量,在此定义一个 Boolean 数组,用它来存储 2～100 中的素数。

```
Dim a(2 To 100) As Boolean
```

③ 定义一个子过程,实现素数的查找与输出。

```
Sub test2()
    Dim n As Integer, m As Integer
    '初始化数组为 True
    For n = 2 To 100
        a(n) = True
    Next n
    '判断是否为素数
    For n = 2 To 100
        For m = 2 To n - 1
            If n Mod m = 0 Then a(n) = False
        Next m
        If a(n) Then Debug.Print n
    Next n
End Sub
```

④ 在 VBE 窗口中单击"标准"工具栏上的"运行"按钮,选择执行 test2 子过程,运行结果显示在立即窗口中。

(3) 求任意三角形的面积。

新建一个窗体,要求有 3 个文本框控件和一个命令按钮控件。在文本框中输入三角形的边长,单击命令按钮后,通过消息提示框显示三角形的面积。

① 新建"窗体 1",在窗体中添加 3 个文本框控件,设置文本框的"格式"属性为"常规数字",并设置 3 个文本框的"名称"属性分别为 txta、txtb 和 txtc。

② 在窗体中添加一个命令按钮控件，设置命令按钮的"标题"为"计算"，名称为 CmdCalculate，将"单击"属性设置为"事件过程"。窗体1的设计视图如图1-2所示。

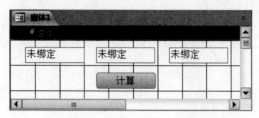

图1-2 窗体1的设计视图

③ 打开 VBE 窗口，在"计算"命令按钮的"单击"事件过程中输入以下代码：

```
Private Sub CmdCalculate_Click()
Dim a As Single, b As Single, c As Single, p As Single
'判断文本框中是否输入数据
If Not (IsNull(txta) Or IsNull(txtb) Or IsNull(txtc)) Then
  a = txta.Value
  b = txtb.Value
  c = txtc.Value
  '判断三边是否能组成三角形
  If (a + b > c) And (a + c > b) And (b + c > a) Then
      p = (a + b + c)/2
      p = Sqr(p * (p - a) * (p - b) * (p - c))
      Dim s As String
      s = Str(p)
      MsgBox "三角形的面积是：" + s, vbInformation, "结果"
  Else
      MsgBox "三边不能组成三角形",vbCritical, "错误"
  End If
Else
  MsgBox "请输入三边值",vbInformation, "信息"
End If
End Sub
```

④ 设置窗体1的"弹出方式"属性为"是"，"记录选择器"和"导航按钮"属性均为"否"。运行窗体1，结果如图1-3所示。

图1-3 窗体1的运行模式

⑤ 输入三角形3条边的长度，如3、4、5，单击"计算"命令按钮，查看结果。
⑥ 输入三角形3条边的长度，如4、4、9，单击"计算"命令按钮，查看结果。

⑦ 当其中一个文本框内无数据时,单击"计算"命令按钮,查看结果。

(4) 编写产生[1,100]之间随机整数的函数,调用该函数求 50 个[1,100]之间的随机整数。

① 在模块中输入以下子过程和函数:

```
Sub test3()
  Dim i As Integer
  Dim b As Integer
  '输出 50 个 1~100 之间的随机数
  For i = 1 To 50
    b = funca()                           '调用函数
    Debug. Print b                        '在立即窗口中输出数据
  Next i
End Sub
Function funca() As Integer
  Dim a As Integer
  '产生 1~100 之间的随机数
  a = Int(Rnd(1) * 100) + 1
  funca = a
End Function
```

② 运行 test3 子过程,查看立即窗口中输出的信息。

(5) 编写一个简单的计算器程序,输入两个数,并由用户选择加、减、乘、除运算,窗体如图 1-4 所示。

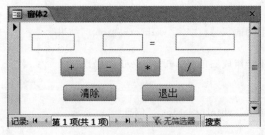

图 1-4 计算器窗体

① 创建"窗体 2"。

② 输入以下窗体事件代码:

```
Private Sub cmd1_Click()
  Labela. Caption = " + "
  txtc. Value = op(txta. Value, txtb. Value, " + ")
End Sub
Private Sub cmd2_Click()
  Labela. Caption = " - "
  txtc. Value = op(txta. Value, txtb. Value, " - ")
End Sub
Private Sub cmd3_Click()
  Labela. Caption = " * "
  txtc. Value = op(txta. Value, txtb. Value, " * ")
End Sub
```

```
Private Sub cmd4_Click()
    Labela.Caption = "/"
    txtc.Value = op(txta.Value, txtb.Value, "/")
End Sub
Function op(a As Single, b As Single, d As String) As Single
    Dim s As Single
    s = 0
    If d = " + " Then
        s = a + b
    End If
    If d = " - " Then
        s = a - b
    End If
    If d = " * " Then
        s = a * b
    End If
    If d = "/" Then
        s = a/b
    End If
    op = s
End Function
Private Sub cmdclear_Click()
    txta.Value = ""
    txtb.Value = ""
    txtc.Value = ""
    Labela.Caption = " "
End Sub
Private Sub cmdexit_Click()
    DoCmd.Close
End Sub
```

③ 运行"窗体 2",输入数据进行测试。

3. 实验思考与练习

(1) 创建一个窗体,其中有两个标签、两个文本框和一个命令按钮,如图 1-5 所示。其中,标签"请请输入成绩:"旁的文本框名称为"成绩",标签"该成绩的等级为:"旁的文本框名称为"等级","判断等级"命令按钮的名称为"命令",相应的"单击"事件代码如下:

```
Private Sub 命令_Click()
    Dim intscore As Integer
    Dim strgrade As String
    intscore = Me.成绩
    If intscore > = 85 Then
        strgrade = "优秀"
    ElseIf intscore > 75 Then
        strgrade = "良好"
    ElseIf intscore > 60 Then
        strgrade = "及格"
    Else
```

```
      strgrade = "不及格"
    End If
    Me.等级 = strgrade
  End Sub
```

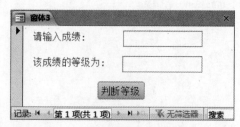

图 1-5　判断成绩等级的窗体

(2) 用 Select Case 语句改写第(1)题的程序。

(3) 编写一个程序并设计窗体,在单击"判断"命令按钮时将出现一个输入框,在输入框中输入一个整数返回后在文本框中即显示该整数是否为素数。

(4) 编写一个程序并设计窗体,当单击"产生随机数"命令按钮时程序能产生并在文本框中显示 10 个随机的两位正整数,当单击"排序"命令按钮时程序能将这 10 个数按从小到大的顺序显示在文本框中。

(5) 分别编写自定义函数和过程来计算 $n!$,并调用它们计算 $1!+2!+3!+4!+5!$,请自行设计程序的运行界面。

实验 11　VBA 对象与数据库访问技术

1. 实验目的

(1) 熟悉 VBA 对象的概念。

(2) 熟悉 Access 窗体对象和控件对象的事件过程。

(3) 了解 ADO 对象模型及 ADO 对象访问 Access 数据库的编程方法。

2. 实验内容

(1) 创建一个简单的个人信息管理类模块,并创建该类的实例以及操作对象的属性和方法。个人信息类包括的属性有姓名、性别和年龄,方法有 Speak。其中,Speak 方法返回一句问候语。

① 启动 Access 2010,创建一个空白数据库,命名为 test1.accdb。

② 单击"创建"选项卡,在"宏与代码"命令组中单击"模块"命令按钮,打开 VBE 窗口。

③ 在 VBE 窗口中选择"插入"→"类模块"命令,创建一个新的类模块,将类命名为person。

④ 在 person 类模块中输入以下代码,用来创建类的属性和方法:

```
'声明类内的私有变量
Private myName As String
Private mySex As String
Private myAge As Integer
```

```
'返回属性值
Public Property Get Name() As String
    Name = myName
End Property
Public Property Get Sex() As String
    Sex = mySex
End Property
Public Property Get Age() As String
    Age = myAge
End Property
'设置属性值
Public Property Let Name(ByVal strvalue As String)
    myName = strvalue
End Property
Public Property Let Sex(ByVal strvalue As String)
    mySex = strvalue
End Property
Public Property Let Age(ByVal agevalue As String)
    myAge = Val(agevalue)
End Property
'对象的初始化处理
Private Sub Class_Initialize()
    myName = "姓名"
    mySex = "男"
    myAge = 10
End Sub
'对象退出时的处理
Private Sub Class_Terminate()
    myName = ""
    mySex = ""
    myAge = 0
End Sub
'类方法
Public Function Speak()
    Speak = myName & ": 您好"
End Function
```

⑤ 在 VBE 窗口中选择"插入"→"模块"命令创建一个新的标准模块，命名为 test。

⑥ 在标准模块 test 中输入以下代码，用来实现对 person 类的调用：

```
Sub test4()
    '声明类对象
    Dim person1 As person
    Dim person2 As person
    '实例化类对象
    Set person1 = New person
    Set person2 = New person
    '设置 person1 对象的属性
    person1.Name = "张三"
```

```
     person1.Sex = "男"
     person1.Age = 20
     '调用对象方法
     MsgBox person1.Speak()
     '设置 person2 对象的属性
     person2.Name = "张丽"
     person2.Sex = "女"
     person2.Age = 18
     '调用对象方法和获取对象属性
     Debug.Print person2.Speak()
     Debug.Print person2.Name
     Debug.Print person2.Sex
     Debug.Print person2.Age
     '取消对象
     Set person1 = Nothing
     Set person2 = Nothing
   End Sub
```

⑦ 在 VBE 窗口中单击"标准"工具栏上的"运行"按钮,选择执行 test4 子过程,在立即窗口中观察运行结果。

(2) 新建窗体,观察窗体及窗体上控件的事件发生顺序。

① 启动 Access 2010,新建一个窗体,命名为"事件窗体",窗体设计视图如图 1-6 所示。这里在窗体中放置一个文本框(Text0)和一个命令按钮(Command2)。

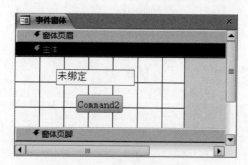

图 1-6　事件窗体设计视图

② 为"事件窗体"中的事件过程添加以下代码:

```
Private Sub Form_Activate()
  Debug.Print "正在执行窗体激活事件 Activate"
End Sub
Private Sub Form_Close()
  Debug.Print "正在执行窗体关闭事件 Close"
End Sub
Private Sub Form_Current()
  Debug.Print "正在执行窗体事件 Current"
End Sub
Private Sub Form_Deactivate()
  Debug.Print "正在执行窗体停用事件 Deactivate"
```

```
End Sub
Private Sub Form_Load()
   Debug.Print "正在执行窗体装载事件 Load"
End Sub
Private Sub Form_Open(Cancel As Integer)
   Debug.Print "正在执行窗体打开事件 Open"
End Sub
Private Sub Form_Resize()
   Debug.Print "正在执行改变窗体大小事件 Resize"
End Sub
Private Sub Form_Unload(Cancel As Integer)
   Debug.Print "正在执行卸载窗体事件 Unload"
End Sub
Private Sub Text0_Enter()
   Debug.Print "焦点开始进入 Text0"
End Sub
Private Sub Text0_Exit(Cancel As Integer)
   Debug.Print "焦点从 Text0 开始离开"
End Sub
Private Sub Text0_GotFocus()
   Debug.Print "Text0 已获得焦点"
End Sub
Private Sub Text0_LostFocus()
   Debug.Print "Text0 已失去焦点"
End Sub
```

③ 运行"事件窗体",依次单击文本框、命令按钮,然后关闭窗体,在 VBE 的立即窗口中查看并分析运行结果。

(3) 使用 Access 对象完成对"图书管理"数据库中"读者"表的基本操作。

① 打开"图书管理"数据库,设计"读者管理"窗体,其设计视图如图 1-7 所示。

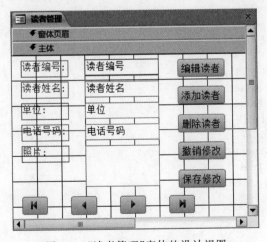

图 1-7 "读者管理"窗体的设计视图

其中,文本框与"读者"表字段绑定,要实现的功能包括记录导航、添加记录、修改记录、删除记录和撤销修改。

② 为控件添加以下事件代码:

```
Option Compare Database
Dim flag As Integer
Private Sub Form_Load()
    '设置窗体加载时的属性
    cmdedit. Enabled = True
    cmdadd. Enabled = True
    cmddel. Enabled = False
    cmdsave. Enabled = False
    cmdcancle. Enabled = False
    cmdfirst. Enabled = True
    cmdbefore. Enabled = True
    cmdnext. Enabled = True
    cmdlast. Enabled = True
    Form. AllowEdits = True
    读者编号. Locked = True
    读者姓名. Locked = True
    单位. Locked = True
    电话号码. Locked = True
    照片. Locked = True
    Form. AllowDeletions = False
    Form. AllowAdditions = False
    Form. RecordLocks = 0
End Sub
Private Sub cmdedit_Click()
    '设置窗体可删除
    Form. AllowDeletions = True
    '设置文本框可更改
    读者编号. Locked = False
    读者姓名. Locked = False
    单位. Locked = False
    电话号码. Locked = False
    照片. Locked = False
    '设置记录导航按钮不可用
    cmdfirst. Enabled = False
    cmdbefore. Enabled = False
    cmdnext. Enabled = False
    cmdlast. Enabled = False
    '设置某些按钮的可用性
    cmdadd. Enabled = False
    cmddel. Enabled = True
    cmdsave. Enabled = True
    cmdcancle. Enabled = True
    cmdsave. SetFocus
    cmdedit. Enabled = False
    flag = 2
End Sub
    '修改记录
Private Sub cmdadd_Click()
    '添加记录操作
    On Error GoTo Err_cmdadd_Click
```

32

```
        '设置窗体可增加记录
        读者编号.Locked = False
        读者姓名.Locked = False
        单位.Locked = False
        电话号码.Locked = False
        照片.Locked = False
        Form.AllowAdditions = True
        '设置记录导航按钮不可用
        cmdfirst.Enabled = False
        cmdbefore.Enabled = False
        cmdnext.Enabled = False
        cmdlast.Enabled = False
        '设置某些按钮的可用性
        cmdedit.Enabled = False
        cmdcancle.Enabled = True
        cmdsave.Enabled = True
        cmddel.Enabled = False
        读者编号.SetFocus
        cmdadd.Enabled = False
        DoCmd.GoToRecord, , acNewRec
        '添加记录
        flag = 1
    Exit_cmdadd_Click:
        Exit Sub
    Err_cmdadd_Click:
        MsgBox Err.Description
        Resume Exit_cmdadd_Click
End Sub
Private Sub cmddel_Click()
    '删除用户操作
        On Error GoTo Err_cmddel_Click
        DoCmd.DoMenuItem acFormBar, acEditMenu, 8, , acMenuVer70
        DoCmd.DoMenuItem acFormBar, acEditMenu, 6, , acMenuVer70
        '设置记录导航按钮可用
        cmdfirst.Enabled = True
        cmdbefore.Enabled = True
        cmdnext.Enabled = True
        cmdlast.Enabled = True
        '设置按钮的可用性和窗体的属性
        Form.AllowEdits = True
        Form.AllowDeletions = False
        Form.AllowAdditions = False
        Form.RecordLocks = 0
        读者编号.Locked = True
        读者姓名.Locked = True
        单位.Locked = True
        电话号码.Locked = True
        照片.Locked = True
        cmdedit.Enabled = True
        cmdadd.Enabled = True
        cmdsave.Enabled = False
```

```
        cmdcancle.Enabled = False
        cmdedit.SetFocus
        cmddel.Enabled = False
        Exit_cmddel_Click:
        Exit Sub
        Err_cmddel_Click:
        MsgBox Err.Description
        Resume Exit_cmddel_Click
    End Sub
    Private Sub cmdcancle_Click()
        '撤销删除操作
        On Error GoTo Err_cmdcancle_Click
        '设置记录导航按钮可用
        cmdfirst.Enabled = True
        cmdbefore.Enabled = True
        cmdnext.Enabled = True
        cmdlast.Enabled = True
        '设置某些按钮的可用性
        cmddel.Enabled = False
        cmdedit.Enabled = True
        cmdadd.Enabled = True
        cmdsave.Enabled = False
        cmdedit.SetFocus
        cmdcancle.Enabled = False
        '取消添加
        If flag = 1 Then
          Form.AllowDeletions = True
          DoCmd.DoMenuItem acFormBar, acEditMenu, 8, , acMenuVer70
          DoCmd.DoMenuItem acFormBar, acEditMenu, 6, , acMenuVer70
          Form.AllowDeletions = False
          '设置撤销后转到前一个记录
          DoCmd.GoToRecord, , acPrevious
        Else
          '取消修改
          DoCmd.DoMenuItem acFormBar, acEditMenu, acUndo, , acMenuVer70
        End If
        '窗体不可添加记录
        读者编号.Locked = True
        读者姓名.Locked = True
        单位.Locked = True
        电话号码.Locked = True
        照片.Locked = True
        Form.AllowAdditions = False
        Exit_cmdcancle_Click:
        Exit Sub
        Err_cmdcancle_Click:
        cmdcancle.Enabled = False
        Resume Exit_cmdcancle_Click
    End Sub
    Private Sub cmdsave_Click()
        '保存操作
```

```
On Error GoTo Err_cmdsave_Click
'设置记录导航按钮可用
cmdfirst.Enabled = True
cmdbefore.Enabled = True
cmdnext.Enabled = True
cmdlast.Enabled = True
If 读者编号.Value = "" Then
    MsgBox "请输入读者编号!"
    Exit Sub
End If
If 读者姓名.Value = "" Then
    MsgBox "请输入读者姓名!"
    Exit Sub
End If
If 单位.Value = "" Then
    MsgBox "请输入单位!"
    Exit Sub
End If
If 电话号码.Value = "" Then
    MsgBox "请输入电话号码!"
    Exit Sub
End If
DoCmd.DoMenuItem acFormBar, acRecordsMenu, acSaveRecord, , acMenuVer70
'设置按钮的可用性和窗体的属性
Form.AllowEdits = True
Form.AllowDeletions = False
Form.AllowAdditions = False
Form.RecordLocks = 0
读者编号.Locked = True
读者姓名.Locked = True
单位.Locked = True
电话号码.Locked = True
照片.Locked = True
cmdedit.Enabled = True
cmdadd.Enabled = True
cmdcancle.Enabled = False
cmdsave.Enabled = False
cmddel.Enabled = False
Exit_cmdsave_Click:
Exit Sub
Err_cmdsave_Click:
MsgBox Err.Description
Resume Exit_cmdsave_Click
End Sub
Private Sub cmdfirst_Click()
On Error GoTo Err_cmdfirst_Click
'设置向前键不可用,向后键可用
cmdbefore.Enabled = False
cmdnext.Enabled = True
DoCmd.GoToRecord , , acFirst
Exit_cmdfirst_Click:
```

```
      Exit Sub
      Err_cmdfirst_Click:
      MsgBox Err.Description
      Resume Exit_cmdfirst_Click
   End Sub
   Private Sub cmdbefore_Click()
      On Error GoTo Err_cmdbefore_Click
      '如果向前键可用,则设置向后键可用
      If cmdbefore.Enabled = True Then cmdnext.Enabled = True
      DoCmd.GoToRecord, , acPrevious
      Exit_cmdbefore_Click:
      Exit Sub
      Err_cmdbefore_Click:
      cmdnext.SetFocus
      cmdbefore.Enabled = False
      MsgBox Err.Description
      Resume Exit_cmdbefore_Click
   End Sub
   Private Sub cmdnext_Click()
      On Error GoTo Err_cmdnext_Click
      '如果向后键可用,则设置向前键可用
      If cmdnext.Enabled = True Then cmdbefore.Enabled = True
      DoCmd.GoToRecord, , acNext
      Exit_cmdnext_Click:
      Exit Sub
      Err_cmdnext_Click:
      cmdfirst.SetFocus
      cmdnext.Enabled = False
      MsgBox Err.Description
      cmdfirst.SetFocus
      cmdnext.Enabled = False
      Resume Exit_cmdnext_Click
   End Sub
   Private Sub cmdlast_Click()
      On Error GoTo Err_cmdlast_Click
      '设置向后键不可用,向前键可用
      cmdbefore.Enabled = True
      cmdnext.Enabled = False
      DoCmd.GoToRecord, , acLast
      Exit_cmdlast_Click:
      Exit Sub
      Err_cmdlast_Click:
      MsgBox Err.Description
      Resume Exit_cmdlast_Click
   End Sub
```

③ 测试程序,进行记录的添加、修改和删除操作。

(4) 使用 ADO 编程方法改写第(3)题"图书管理"数据库中读者信息的添加操作。

① 引用 ADO 对象。在 VBE 窗口中选择"工具"→"引用"命令,在弹出的"引用"对话框中选择 Microsoft ActiveX Data Objects 2.5 Library 选项。

② 将第(3)题中"添加"命令按钮的事件修改如下：

```
Private Sub cmdadd_Click()
    '添加记录操作
    On Error GoTo Err_cmdadd_Click
    '设置窗体可增加记录
    读者编号.Locked = False
    读者姓名.Locked = False
    单位.Locked = False
    电话号码.Locked = False
    照片.Locked = False
    读者编号.Value = ""
    读者姓名.Value = ""
    单位.Value = ""
    电话号码.Value = ""
    照片.Value = ""
    '设置记录导航按钮不可用
    cmdfirst.Enabled = False
    cmdbefore.Enabled = False
    cmdnext.Enabled = False
    cmdlast.Enabled = False
    '设置某些按钮的可用性
    cmdedit.Enabled = False
    cmdcancle.Enabled = True
    cmdsave.Enabled = True
    cmddel.Enabled = False
    读者编号.SetFocus
    cmdadd.Enabled = False
    flag = 1
Exit_cmdadd_Click:
    Exit Sub
Err_cmdadd_Click:
    MsgBox Err.Description
    Resume Exit_cmdadd_Click
End Sub
Private Sub cmdsave_Click()
    '保存操作
    On Error GoTo Err_cmdsave_Click
    '设置记录导航按钮可用
    cmdfirst.Enabled = True
    cmdbefore.Enabled = True
    cmdnext.Enabled = True
    cmdlast.Enabled = True
    If 读者编号.Value = "" Then
        MsgBox "请输入读者编号!"
        Exit Sub
    End If
    If 读者姓名.Value = "" Then
        MsgBox "请输入读者姓名!"
        Exit Sub
    End If
```

```vb
        If 单位.Value = "" Then
            MsgBox "请输入单位!"
            Exit Sub
        End If
        If 电话号码.Value = "" Then
            MsgBox "请输入电话号码!"
            Exit Sub
        End If
        '添加数据操作
        '声明 ADO 对象
        Dim cnn As New ADODB.Connection
        Dim rst As ADODB.RecordSet
        Dim temp As String
        temp = "SELECT * FROM 读者 WHERE 读者编号 = '" & 读者编号.Value & "'"
        '打开记录集
        rst.Open temp, CurrentProject.Connection, adOpenKeyset, adLockOptimistic
        If rst.RecordCount > 0 Then
            MsgBox "读者编号重复,请重新输入!"
            读者编号.SetFocus
            Exit Sub
        Else
            '执行添加操作
            rst.AddNew
            rst("读者编号") = 读者编号.Value
            rst("读者姓名") = 读者姓名.Value
            rst("单位") = 单位.Value
            rst("电话号码") = 电话号码.Value
            rst.Update
        End If
        '撤销 ADO 对象
        Set rst = Nothing
        Set cnn = Nothing
        '设置按钮的可用性属性
        读者编号.Locked = True
        读者姓名.Locked = True
        单位.Locked = True
        电话号码.Locked = True
        照片.Locked = True
        cmdedit.Enabled = True
        cmdadd.Enabled = True
        cmdcancle.Enabled = False
        cmdsave.Enabled = False
        cmddel.Enabled = False
Exit_cmdsave_Click:
        Exit Sub
Err_cmdsave_Click:
        MsgBox Err.Description
        Resume Exit_cmdsave_Click
    End Sub
```

3. 实验思考与练习

（1）ADO 对象模型中常用的对象有哪些？其功能是什么？

（2）使用 ADO 对象编程的一般步骤是什么？

（3）创建"供应商数据管理"窗体，使用 ADO 编程实现"供应商"数据的维护，要求单击窗体上的"添加记录"命令按钮（命令按钮名称为"AddRec"）时能够向"供应商"表添加一条记录。

（4）创建"商品数据管理"窗体，使用 ADO 编程实现"商品"数据的维护。

（5）创建"进出货管理"窗体，通过 ADO 编程实现其功能。

实验 12　Access 2010 数据库应用系统开发

1. 实验目的

（1）运用课程所学知识，熟悉 Access 2010 中各种对象的操作、VBA 编程以及 VBA 数据库访问技术。

（2）熟悉数据库应用系统的开发过程，设计并实现一个实际的数据库应用系统。

2. 实验内容

前面实验中介绍了图书管理系统数据库和数据表的创建，本实验利用 VBA 的数据库访问技术实现图书管理系统中的各功能模块，实验内容包括图书管理系统的主界面设计、各功能模块的设计和 VBA 程序的实现。图书管理系统的主要功能包括图书管理、读者管理和图书借阅、还书处理。

（1）设计主窗体。

图书管理系统主窗体的功能是实现与其他窗体和报表的连接，用户可以根据自己的需要选择相应的按钮操作。主窗体的界面如图 1-8 所示。

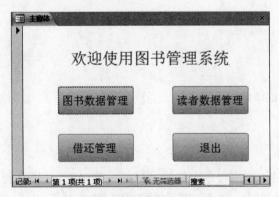

图 1-8　主窗体界面

各命令按钮事件的代码如下：

```
'图书数据管理事件
Private Sub cmd 图书_Click()
    On Error GoTo Err_cmd_Click
    Dim stDocName As String
    Dim stLinkCriteria As String
    stDocName = "图书数据管理"
```

```
      DoCmd.OpenForm stDocName,, , stLinkCriteria
      Exit_cmd_Click:
      Exit Sub
      Err_cmd_Click:
      MsgBox Err.Description
      Resume Exit_cmd_Click
   End Sub
   '读者数据管理事件
   Private Sub cmd读者_Click()
      On Error GoTo Err_cmd_Click
      Dim stDocName As String
      Dim stLinkCriteria As String
      stDocName = "读者数据管理"
      DoCmd.OpenForm stDocName,, , stLinkCriteria
      Exit_cmd_Click:
      Exit Sub
      Err_cmd_Click:
      MsgBox Err.Description
      Resume Exit_cmd_Click
   End Sub
      '借还管理事件
   Private Sub cmd借还_Click()
      On Error GoTo Err_cmd_Click
      Dim stDocName As String
      Dim stLinkCriteria As String
      stDocName = "借还管理"
      DoCmd.OpenForm stDocName,, , stLinkCriteria
      Exit_cmd_Click:
      Exit Sub
      Err_cmd_Click:
      MsgBox Err.Description
      Resume Exit_cmd_Click
   End Sub
      '退出事件
   Private Sub cmd退出_Click()
      DoCmd.Close
   End Sub
```

(2) 创建通用模块。

通用模块是指在整个应用程序中都能用到的一些函数、过程及变量。模块中主要包括 GetRS 函数和 ExecuteSQL 过程，其中，GetRS 用来执行查询操作并返回记录集，ExecuteSQL 用来执行插入、更新和删除的 SQL 语句。

① 引用 ADO 对象。在 VBE 窗口中选择"工具"→"引用"命令，在弹出的"引用"对话框中选择 Microsoft ActiveX Data Objects 2.5 Library 选项。

② 在 VBE 窗口中通过选择"插入"→"模块"命令添加一个标准模块，命名为 dbcommon，代码如下：

```
Option Explicit
'执行 SQL 的 SELECT 语句,返回记录集
```

```
Public Function GetRS(ByVal strSQL As String) As ADODB.RecordSet
    Dim rs As New ADODB.RecordSet
    Dim conn As New ADODB.Connection
    On Error GoTo GetRS_Error
    Set conn = CurrentProject.Connection
    '打开当前连接
    rs.Open strSQL, conn, adOpenKeyset, adLockOptimistic
    Set GetRS = rs
GetRS_Exit:
    Set rs = Nothing
    Set conn = Nothing
    Exit Function
GetRS_Error:
    MsgBox (Err.Description)
    Resume GetRS_Exit
End Function
'执行 SQL 的 UPDATE、INSERT 和 DELETE 语句
Public Sub ExecuteSQL(ByVal strSQL As String)
    Dim conn As New ADODB.Connection
    On Error GoTo ExecuteSQL_Error
    Set conn = CurrentProject.Connection
    '打开当前连接
    conn.Execute (strSQL)
ExecuteSQL_Exit:
    Set conn = Nothing
    Exit Sub
ExecuteSQL_Error:
    MsgBox (Err.Description)
    Resume ExecuteSQL_Exit
End Sub
```

（3）设计"图书数据管理"窗体。

使用 ADO 对象完成对"图书管理"数据库中"图书"表的基本操作，下面的实验用来完成对"图书管理"数据库中"图书"表的添加、查找、删除和修改功能。

① 打开"图书管理"数据库，创建一个窗体，窗体名称为"图书数据管理"，窗体界面和控件如图 1-9 所示。

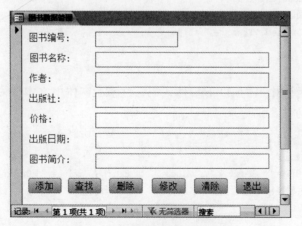

图 1-9 "图书数据管理"窗体界面

② 引用 ADO 对象。在 VBE 窗口中选择"工具"→"引用"命令,在弹出的"引用"对话框中选择 Microsoft ActiveX Data Objects 2.5 Library 选项。

③ 在"图书数据管理"窗体模块中声明模块级变量。

```
Dim cnn As New ADODB.Connection
Dim rst As ADODB.RecordSet
Dim temp As String
```

④ 在"图书数据管理"窗体的加载事件中添加以下代码:

```
Private Sub Form_Load()
    Set cnn = CurrentProject.Connection
    Set rst = New ADODB.RecordSet
    temp = "SELECT * FROM 图书"
    Set rst = GetRS(temp)
    txt编号.Value = ""
    txt名称.Value = ""
    txt作者.Value = ""
    txt出版社.Value = ""
    txt价格.Value = ""
    txt日期.Value = ""
    txt简介.Value = ""
    Call buttonEnable
End Sub
'子过程设置按钮的可用状态
Private Sub buttonEnable()
    If rst.BOF And rst.EOF Then
        txt编号.SetFocus
        cmd删除.Enabled = False
        cmd查找.Enabled = False
        cmd修改.Enabled = False
        cmd添加.Enabled = True
    Else
        cmd删除.Enabled = True
        cmd查找.Enabled = True
        cmd修改.Enabled = True
        cmd添加.Enabled = True
    End If
End Sub
```

⑤ 为"添加"命令按钮添加以下事件代码。注意:窗体中文本框内的输入内容不能为空,使用 AddNew 方法添加记录。

```
Private Sub cmd添加_Click()
    Dim aOK As Integer
    If txt编号.Value = "" Or txt名称.Value = "" Or txt作者.Value = "" Or txt出版社.Value = "" Then
        MsgBox "输入数据不能为空,请重新输入", vbOKolny, ""
    Else
        rst.Close
        temp = "SELECT * FROM 图书 WHERE 图书编号 = '" & Trim(txt编号.Value) & "'"
```

```
Set rst = GetRS(temp)
   If rst.RecordCount > 0 Then
       MsgBox "图书编号不能重复,请重新输入", vbOKOnly, "错误提示"
       txt 编号.SetFocus
       txt 编号.Value = ""
       Exit Sub
   Else
       rst.AddNew
       rst("图书编号") = txt 编号.Value
       rst("图书名称") = txt 名称.Value
       rst("作者") = txt 作者.Value
       rst("定价") = txt 价格.Value
       rst("出版社名称") = txt 出版社.Value
       rst("出版日期") = txt 日期.Value
       rst("是否借出") = 0
       rst("图书简介") = txt 简介.Value
       aOK = MsgBox("确认添加吗?", vbOKCancel, "确认提示")
       If aOK = 1 Then
         rst.Update
         txt 编号.Value = ""
         txt 名称.Value = ""
         txt 作者.Value = ""
         txt 出版社.Value = ""
         txt 价格.Value = ""
         txt 日期.Value = ""
         txt 简介.Value = ""
         Call buttonEnable
       Else
         rst.CancelUpdate
       End If
     End If
   End If
End Sub
```

⑥ 根据"图书名称"查找到相应的图书,"查找"命令按钮的事件代码如下:

```
Private Sub cmd 查找_Click()
   Dim strsearch As String
   strsearch = InputBox("请输入查找的图书名称", "查找输入")
   temp = "SELECT * FROM 图书 WHERE 图书名称 LIKE '%" & strsearch & "%'"
   Set rst = GetRS(temp)
   If rst.RecordCount > 0 Then
     Do While Not rst.EOF
       MsgBox "找到记录"
       txt 编号.Value = rst("图书编号").Value
       txt 名称.Value = rst("图书名称").Value
       txt 作者.Value = rst("作者").Value
       txt 价格.Value = rst("定价").Value
       txt 出版社.Value = rst("出版社名称").Value
```

```
        txt 日期.Value = rst("出版日期").Value
        txt 简介.Value = rst("图书简介")
        rst.MoveNext
    Loop
Else
    MsgBox "没找到"
    End If
End Sub
```

⑦ 实现删除功能。删除功能的实现为根据用户输入的"图书编号"找到记录,执行删除操作。

```
Private Sub cmd 删除_Click()
    Dim strsearch As String
    strsearch = InputBox("请输入要删除的图书编号", "查找提示")
    temp = "SELECT * FROM 图书 WHERE 图书编号 = '" & strsearch & "'"
    Set rst = GetRS(temp)
    If rst.RecordCount > 0 Then
        strsearch = "DELETE * FROM 图书 WHERE 图书编号 = '" & strsearch & "'"
        ExecuteSQL (strsearch)
    Else
        MsgBox "未找到图书!"
        Exit Sub
    End If
End Sub
```

⑧ 实现修改功能。修改功能的实现为根据用户输入的"图书编号"找到记录,并将记录字段显示在文本框中,此时"修改"命令按钮上的文字改为"确认"。修改完毕后,单击"确认"按钮,将数据更新到数据表中。

```
Private Sub cmd 修改_Click()
    Dim strsearch As String
    If cmd 修改.Caption = "修改" Then
        strsearch = InputBox("请输入要修改的图书编号", "查找提示")
        temp = "SELECT * FROM 图书 WHERE 图书编号 = '" & strsearch & "'"
        Set rst = GetRS(temp)
        If rst.RecordCount > 0 Then
            MsgBox "找到记录"
            cmd 修改.Caption = "确认"
            txt 编号.Value = rst("图书编号").Value
            txt 编号.Locked = True
            txt 名称.Value = rst("图书名称").Value
            txt 作者.Value = rst("作者").Value
            txt 价格.Value = rst("定价").Value
            txt 出版社.Value = rst("出版社名称").Value
            txt 日期.Value = rst("出版日期").Value
            txt 简介.Value = rst("图书简介")
        Else
            MsgBox "没有找到记录"
        End If
```

```
        Else
            rst("图书名称") = txt 名称.Value
            rst("作者") = txt 作者.Value
            rst("定价") = txt 价格.Value
            rst("出版社名称") = txt 出版社.Value
            rst("出版日期") = txt 日期.Value
            rst("图书简介") = txt 简介.Value
            rst.Update
            Set rs = Nothing
        End If
End Sub
```

⑨ 实现清除和退出功能。清除功能的实现为把文本框中的内容清空,退出功能的实现为关闭 ADO 对象和"图书数据管理"窗体。

(4) 设计"读者数据管理"窗体。

提示:参考"图书数据管理"窗体的设计方法,完成"读者数据管理"窗体的设计和程序的实现。

(5) 设计"借还管理"窗体。

"借还管理"窗体主要实现图书借阅和还书的处理,其实验步骤如下。

① 创建借阅情况查询。在"图书管理"数据库中创建借阅查询,其 SQL 语句如下,将查询命名为"借阅情况查询"。

SELECT 读者.读者编号, 读者.读者姓名, 图书.图书编号, 图书.图书名称, 图书.作者, 图书.是否借出, 借阅.借阅日期 FROM 读者, 图书, 借阅
WHERE 读者.读者编号 = 借阅.读者编号 And 借阅.图书编号 = 图书.图书编号

② 创建"借阅情况查询子窗体"。使用创建窗体向导创建"借阅情况查询子窗体",创建过程中,数据字段来源选择"借阅情况查询"中的所有字段,窗体布局选择"表格",子窗体如图 1-10 所示。

图 1-10   "借阅情况查询子窗体"的设计视图

③ 创建"借还管理"窗体。"借还管理"窗体的设计视图如图 1-11 所示。该窗体分为 3 个区域,在上面的功能区,当用户输入"读者编号"并单击"查询"命令按钮时,在中间的"读者信息"区中会显示读者的信息,在下面的"借阅信息"区中会显示当前读者借阅的图书信息;当用户输入"图书编号"时,可以执行图书的"借"和"还"操作。"借阅信息"区为插入的"借阅情况查询子窗体"。

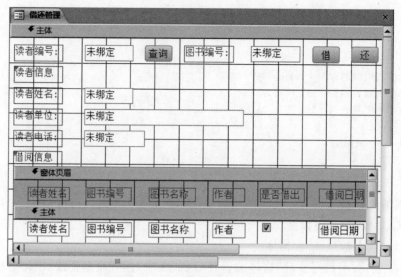

图 1-11 "借还管理"窗体的设计视图

④ "借还管理"窗体的代码。

```
Option Compare Database
Private Sub Form_Load()
  cmd借.Enabled = False
  cmd还.Enabled = False
  '将"借阅情况查询子窗体"清空
  temp = "SELECT * FROM 借阅情况查询 WHERE 读者编号 = ''"
  Me.借阅情况查询子窗体.Form.RecordSource = temp
  Me.借阅情况查询子窗体.Form.Requery
End Sub
Private Sub cmd查询_Click()
  Dim temp As String
  Dim rst As ADODB.RecordSet
  If txtReaderbh.Value = "" Then
    MsgBox "请输入读者编号"
    Exit Sub
  End If
  temp = "SELECT * FROM 读者 WHERE 读者编号 = '" & Trim(txtReaderbh.Value) & "'"
  Set rst = GetRS(temp)
  If rst.RecordCount <= 0 Then
    MsgBox "未找到读者!请重新输入"
    Exit Sub
  End If
  txtname.Value = rst("读者姓名")
  txtDW.Value = rst("单位")
  txtPhone.Value = rst("电话号码")
  cmd借.Enabled = True
  cmd还.Enabled = True
  Set rst = Nothing
  temp = "SELECT * FROM 借阅情况查询 WHERE 读者编号 = '" & Trim(txtReaderbh.Value) & "'"
```

```
    Me.借阅情况查询子窗体.Form.RecordSource = temp
    Me.借阅情况查询子窗体.Form.Requery
End Sub
Private Sub cmd借_Click()
  '借的操作过程
  Dim readerbh As String
  Dim bookbh As String
  Dim temp As String
  Dim rst As ADODB.RecordSet
  readerbh = Trim(txtReaderbh.Value)
  bookbh = Trim(txtBookbh.Value)
  If readerbh = "" Then
    MsgBox "请输入读者编号"
    Exit Sub
  End If
  If bookbh = "" Then
    MsgBox "请输入图书编号"
    Exit Sub
  End If
  '判断有没有这个读者,判断有没有这本书,判断这本书是否借出
  temp = "SELECT * FROM 读者 WHERE 读者编号 = '" & readerbh & "'"
  Set rst = GetRS(temp)
  If rst.RecordCount <= 0 Then
    MsgBox "输入的读者编号错误"
    txtReaderbh.SetFocus
    Exit Sub
  End If
  temp = "SELECT * FROM 图书 WHERE 图书编号 = '" & bookbh & "'"
  Set rst = GetRS(temp)
  If rst.RecordCount <= 0 Then
    MsgBox "输入的图书编号错误"
    txtBookbh.SetFocus
    Exit Sub
  End If
  temp = "SELECT * FROM 借阅 WHERE 读者编号 = '" & readerbh & "' And 图书编号 = '" & bookbh & "'"
  Set rst = GetRS(temp)
  If rst.RecordCount > 0 Then
    MsgBox "此读者已借这本书,不能再借"
    txtBookbh.SetFocus
    Exit Sub
  End If
  '以上条件判断完,若此书可借,则借出,在"借阅"表中添加记录,将"图书"表中"是否借出"改为1
  temp = "INSERT INTO 借阅(读者编号,图书编号,借阅日期) VALUES('" & readerbh & "', '" & bookbh
& "', now())"
  ExecuteSQL(temp)
  temp = "UPDATE 图书 SET 是否借出 = 1 WHERE 图书编号 = '" & bookbh & "'"
  ExecuteSQL(temp)
  '更新"借阅情况查询子窗体"的显示
  temp = "SELECT * FROM 借阅情况查询 WHERE 读者编号 = '" & readerbh & "'"
  Me.借阅情况查询子窗体.Form.RecordSource = temp
  Me.借阅情况查询子窗体.Form.Requery
```

```
      End Sub
      Private Sub cmd还_Click()
        '还的操作过程
        Dim readerbh As String
        Dim bookbh As String
        Dim temp As String
        Dim rst As ADODB.RecordSet
        readerbh = Trim(txtReaderbh.Value)
        bookbh = Trim(txtBookbh.Value)
        If readerbh = "" Then
          MsgBox "请输入读者编号"
          Exit Sub
        End If
        If bookbh = "" Then
          MsgBox "请输入图书编号"
          Exit Sub
        End If
        '判断有没有这个读者,判断有没有这本书,判断这本书是否借出
        temp = "SELECT * FROM 读者 WHERE 读者编号 = '" & readerbh & "'"
        Set rst = GetRS(temp)
        If rst.RecordCount <= 0 Then
          MsgBox "输入的读者编号错误"
          txtReaderbh.SetFocus
          Exit Sub
        End If
        temp = "SELECT * FROM 图书 WHERE 图书编号 = '" & bookbh & "'"
        Set rst = GetRS(temp)
        If rst.RecordCount <= 0 Then
          MsgBox "输入的图书编号错误"
          txtBookbh.SetFocus
          Exit Sub
        End If
        temp = "SELECT * FROM 借阅 WHERE 读者编号 = '" & readerbh & "' And 图书编号 = '" & bookbh & "'"
        Set rst = GetRS(temp)
        If rst.RecordCount <= 0 Then
          MsgBox "此读者未借这本书,不能执行还的操作!"
          txtBookbh.SetFocus
          Exit Sub
        End If
        '以上条件判断完,若此书可还,则归还,在"借阅"表中删除记录,将"图书"表中"是否借出"改为0
        temp = "DELETE * FROM 借阅 WHERE 读者编号 = '" & readerbh & "' And 图书编号 = '" & bookbh & "'"
        ExecuteSQL (temp)
        temp = "UPDATE 图书 SET 是否借出 = 0 WHERE 图书编号 = '" & bookbh & "'"
        ExecuteSQL (temp)
        '更新"借阅情况查询子窗体"的显示
        temp = "SELECT * FROM 借阅情况查询 WHERE 读者编号 = '" & readerbh & "'"
        Me.借阅情况查询子窗体.Form.RecordSource = temp
        Me.借阅情况查询子窗体.Form.Requery
      End Sub
```

3. 实验思考与练习

对于"商品供应"数据库,设计并实现一个商品供应管理系统。

(1) 试分析系统功能需求,必要时可以对数据库进行扩充。

(2) 创建系统主窗体。

(3) 实现数据的编辑和查询、统计报表等基本功能。

(4) 实现应用系统的集成,包括创建切换面板、系统菜单及设置启动窗体等。

第 2 部分 习 题 选 解

习题选解部分按照课程内容体系编写了大量的习题并给出了参考答案,读者在使用这些题解时应重点理解和掌握与题目相关的知识点,而不要"死记"答案,应在阅读教材的基础上做题,通过做题达到强化、巩固和提高的目的。

习题 1 数据库系统概论

一、选择题

1. 下面有关信息与数据的概念,说法正确的是( )。
   - A. 信息和数据是同义词
   - B. 数据是承载信息的物理符号
   - C. 信息和数据毫不相关
   - D. 固定不变的数据就是信息

2. 数据管理技术经历了 3 个发展阶段,分别是( )。
   - A. 数据库系统、多媒体系统和超媒体阶段
   - B. 文件系统、数据库系统和超媒体阶段
   - C. 文件系统、数据库系统和多媒体系统阶段
   - D. 人工管理、文件系统和数据库系统阶段

3. 数据管理技术的最初发展阶段是( )。
   - A. 人工管理
   - B. 文件系统
   - C. 超文本管理
   - D. 数据库系统

4. 数据库系统与文件系统的主要区别是( )。
   - A. 数据库系统复杂,而文件系统简单
   - B. 文件系统只能管理程序文件,而数据库系统能够管理各种类型的文件
   - C. 文件系统管理的数据量较少,而数据库系统可以管理庞大的数据量
   - D. 文件系统不能解决数据冗余和数据独立性问题,而数据库系统可以解决

5. 下列关于文件系统管理数据的特点,错误的是( )。
   - A. 数据的独立性差
   - B. 数据的冗余度大
   - C. 文件与程序合并
   - D. 数据的安全性和完整性难以保障

6. 下列说法不正确的是( )。
   - A. 数据库减少了数据冗余
   - B. 数据库避免了一切数据重复
   - C. 数据库中的数据可以共享
   - D. 如果冗余是系统可控制的,则系统可确保更新时的一致性

7. 下列所述不属于数据库基本特点的是(   )。

    A. 数据的共享性   B. 数据的独立性

    C. 数据量很大   D. 数据的完整性

8. 在数据管理技术的各个发展阶段中,数据的独立性最高的是(   )阶段。

    A. 数据库系统   B. 文件系统   C. 人工管理   D. 数据项管理

9. 在数据库中存储的是(   )。

    A. 数据   B. 数据模型   C. 数据及数据之间的联系   D. 信息

10. 支持数据库的各种操作的软件系统是(   )。

    A. 命令系统   B. 数据库管理系统

    C. 数据库系统   D. 操作系统

11. 下列关于数据库管理系统的叙述,正确的是(   )。

    A. 数据库管理系统具有对数据库中的数据资源进行统一管理和控制的功能

    B. 数据库管理系统是数据库的统称

    C. 数据库管理系统具有对任何信息资源管理和控制的能力

    D. 数据库管理系统对普通用户来说具有不可操作性

12. 由计算机硬件、数据库管理系统、数据库、应用程序及用户等组成的一个整体称为(   )。

    A. 文件系统   B. 数据库系统

    C. 软件系统   D. 数据库管理系统

13. 在下列各项中,属于数据库系统的特点的是(   )。

    A. 存储量大   B. 存取速度快   C. 数据共享   D. 操作方便

14. 下列关于数据库系统的描述不正确的是(   )。

    A. 可以实现数据共享   B. 可以减少数据冗余

    C. 可以表示事物和事物之间的联系   D. 不支持抽象的数据模型

15. 数据库管理系统能实现对数据库中数据的查询、插入、修改和删除,这类功能称为(   )。

    A. 数据定义功能   B. 数据管理功能

    C. 数据操纵功能   D. 数据控制功能

16. 数据库系统中应用程序与数据库的接口是(   )。

    A. 数据库集合   B. 数据库管理系统

    C. 操作系统   D. 计算机中的存储介质

17. 在数据操纵语言(DML)的基本功能中不包括(   )。

    A. 插入新数据   B. 描述数据库结构

    C. 更新数据库中的数据   D. 删除数据库中的数据

18. 在数据库系统中,DBA 表示(   )。

    A. 应用程序设计者   B. 数据库使用者

    C. 数据库管理员   D. 数据库结构

19. 对于数据库系统,负责定义数据库内容,决定存储结构、存取策略及安全授权等工作的是(   )。

A. 应用程序开发人员   B. 终端用户

C. 数据库管理员   D. 数据库管理系统的软件设计人员

20. 数据库(DB)、数据库系统(DBS)和数据库管理系统(DBMS)三者之间的关系是( )。

     A. DBS 包括 DB 和 DBMS   B. DBMS 包括 DB 和 DBS

     C. DB 包括 DBS 和 DBMS   D. DBS 就是 DB,也就是 DBMS

21. 数据库系统的三级模式不包括( )。

     A. 概念模式   B. 内模式   C. 外模式   D. 数据模式

22. 在数据库的三级模式中,用逻辑数据模型对用户所用到的那部分数据的描述是( )。

     A. 外模式   B. 概念模式   C. 内模式   D. 逻辑模式

23. 在数据库的三级模式结构中,描述数据库中所有数据的全局逻辑结构和特性的是( )。

     A. 外模式   B. 内模式   C. 存储模式   D. 模式

24. 一般地,一个数据库系统的外模式( )。

     A. 只能有一个   B. 最多只能有一个

     C. 至少两个   D. 可以有多个

25. 数据库的三级模式之间存在的映像关系是( )。

     A. 外模式/内模式   B. 外模式/模式

     C. 外模式/外模式   D. 模式/模式

26. 数据库三级模式体系结构的划分有利于保持数据库的( )。

     A. 数据独立性   B. 数据安全性   C. 结构规范性   D. 数据可行性

27. 在数据库结构中,保证数据库独立性的关键因素是( )。

     A. 数据库的逻辑结构   B. 数据库的逻辑结构、物理结构

     C. 数据库的三级结构   D. 数据库的三级结构和两级映像

28. 数据库三级模式体系结构主要的目标是确保数据库的( )。

     A. 数据结构规范化   B. 存储模式

     C. 数据独立性   D. 最小冗余

29. 在关系数据库系统中,当关系的模型改变时,用户程序可以不变,这是( )。

     A. 数据的物理独立性   B. 数据的逻辑独立性

     C. 数据的位置独立性   D. 数据的存储独立性

30. 数据的存储结构与数据逻辑结构之间的独立性称为数据的( )。

     A. 物理独立性   B. 结构独立性

     C. 逻辑独立性   D. 分布独立性

31. 在数据库中,数据的物理独立性是指( )。

     A. 数据库与数据库管理系统的相互独立

     B. 用户程序与数据库管理系统的相互独立

     C. 用户的应用程序与存储在磁盘上的数据库中的数据是相互独立的

     D. 应用程序与数据库中数据的逻辑结构相互独立

32. 数据的逻辑结构与用户视图之间的独立性称为数据的( )。

     A. 物理独立性   B. 结构独立性

C. 逻辑独立性   D. 分布独立性

33. 在数据库系统中,模式/内模式映像用于解决数据的( )。

  A. 物理独立性   B. 结构独立性

  C. 逻辑独立性   D. 分布独立性

34. 在数据库系统中,外模式/模式映像用于解决数据的( )。

  A. 物理独立性   B. 结构独立性

  C. 逻辑独立性   D. 分布独立性

35. 现实世界的信息抽象到计算机世界,第一层抽象需建立( )。

  A. 物理模型   B. 概念模型   C. 逻辑模型   D. 数据模型

36. 现实世界的信息抽象到计算机世界,抽象过程需建立( )。

  A. 数据模型和对象模型   B. 概念模型和物理模型

  C. 概念模型和数据模型   D. 数据模型和物理模型

37. 数据库的概念模型独立于( )。

  A. 具体的机器和数据库管理系统 B. E-R 图

  C. 信息世界   D. 现实世界

38. 在下列给出的数据模型中,属于概念数据模型的是( )。

  A. 层次模型   B. 网状模型   C. 关系模型   D. E-R 模型

39. 构造 E-R 模型的 3 个基本要素是( )。

  A. 实体、属性、属性值   B. 实体、实体集、属性

  C. 实体、实体集、联系   D. 实体、属性、联系

40. 层次模型、网状模型和关系模型的划分依据是( )。

  A. 记录长度   B. 文件的大小

  C. 联系的复杂程度   D. 数据之间的联系

41. 关系数据库管理系统与网状系统相比( )。

  A. 前者的运行效率高   B. 前者的数据模型更为简洁

  C. 前者比后者产生得早一些   D. 前者的数据操作语言是过程性语言

42. 学校开展科学研究,规定每名教师可以参加若干个研究项目,每个研究项目由若干
名教师完成,图 2-1 描述的数据模型是( )。

  A. 层次模型   B. 网状模型   C. 关系模型   D. 面向对象模型

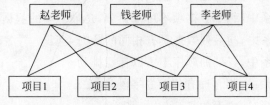

图 2-1 教师与其研究项目的模型图

43. 当前数据库应用系统的主流数据模型是( )。

  A. 层次数据模型   B. 网状数据模型

  C. 关系数据模型   D. 面向对象数据模型

44. 在数据库中,实体是指(　　　)。

    A. 客观存在的事物　　　　　　　　B. 客观存在的属性

    C. 客观存在的特性　　　　　　　　D. 某一具体事件

45. 下列关于数据模型中实体间联系的描述正确的是(　　　)。

    A. 实体间的联系不能有属性　　　　B. 仅在两个实体之间有联系

    C. 单个实体不能构成 E-R 图　　　　D. 实体间可以存在多种联系

46. 学校规定,学生的住宿标准是本科生 4 人一间,硕士生两人一间,博士生一人一间,由此,学生与宿舍之间形成了住宿关系,这种住宿关系是(　　　)。

    A. 一对一关系　　　　　　　　　　B. 一对四关系

    C. 一对多关系　　　　　　　　　　D. 多对多关系

47. 在下列实体类型的联系中,属于多对多联系的是(　　　)。

    A. 学生与课程之间的联系　　　　　B. 飞机的座位与乘客之间的联系

    C. 商品条形码与商品之间的联系　　D. 车间与工人之间的联系

48. 有 A 和 B 两个实体集,它们之间存在着两个不同的 $m:n$ 联系,根据转换规则,在将它们转换成关系模式时,关系模式的个数是(　　　)。

    A. 1　　　　　　　B. 2　　　　　　　C. 3　　　　　　　D. 4

49. 在同一个单位中,部门和职员的关系是(　　　)。

    A. 一对一　　　　B. 多对多　　　　C. 一对多　　　　D. 多对一

50. 在同一个单位中,人事部门的职员表和财务部门的工资表的关系是(　　　)。

    A. 一对一　　　　B. 多对多　　　　C. 一对多　　　　D. 多对一

51. 关系模型是(　　　)。

    A. 用关系表示实体　　　　　　　　B. 用关系表示联系

    C. 用关系表示实体及其联系　　　　D. 用关系表示属性

52. 对于关系的描述,正确的是(　　　)。

    A. 同一个关系中允许有完全相同的元组

    B. 在同一个关系中,元组必须按关键字升序存放

    C. 在一个关系中必须将关键字作为该关系的第一个属性

    D. 关系中可以不包含任何元组

53. 以下对关系模型性质的描述不正确的是(　　　)。

    A. 在一个关系中,每个数据项不可以再分,是最基本的数据单位

    B. 在一个关系中,同一列数据具有相同的数据类型

    C. 在一个关系中,各列的顺序不可以任意排列

    D. 在一个关系中,不允许有相同的字段名

54. 下列关于表的叙述错误的是(　　　)。

    A. 表属于机器世界　　　　　　　　B. 表中的每行称为一条记录

    C. 表中的每列称为一个字段　　　　D. 一个表包含多个数据库

55. 在 Access 中,"表"是指(　　　)。

    A. 关系　　　　　　B. 报表　　　　　　C. 表格　　　　　　D. 表单

56. 在 Access 中,用来表示实体的是(　　　)。
　　A. 域　　　　　　　　B. 字段　　　　　　　C. 记录　　　　　　D. 表

57. 关系模式的任何属性(　　　)。
　　A. 不可以再分　　　　　　　　　　　B. 可以再分
　　C. 可以包含其他属性　　　　　　　　D. 命名在该关系模式中可以不唯一

58. 关系数据库中的码是指(　　　)。
　　A. 能唯一决定关系的字段　　　　　　B. 不可以改动的专用保留字
　　C. 很重要的字段　　　　　　　　　　D. 能唯一标识元组的属性或属性集合

59. 对于关系模式的完整性规则,一个关系中的"主码"(　　　)。
　　A. 不能有两个　　　　　　　　　　　B. 不能成为另一个关系的外码
　　C. 不允许为空　　　　　　　　　　　D. 可以取重复值

60. 在关系 R(R♯,RN,S♯)和 S(S♯,SN,SD)中,R 的主码是 R♯、S 的主码是 S♯,则 S♯ 在 R 中称为(　　　)。
　　A. 外码　　　　　　　B. 候选码　　　　　　C. 主码　　　　　　D. 超码

61. 在数据库中能够唯一标识一个元组的属性或属性组合称为(　　　)。
　　A. 记录　　　　　　　B. 字段　　　　　　　C. 域　　　　　　　D. 关键字

62. 在下面的两个关系中,职工号和设备号分别为职工关系和设备关系的关键字:
职工(职工号,职工名,部门号,职务,基本工资)
设备(设备号,职工号,设备名,数量,单价)
在两个关系的属性中存在一个外关键字,即(　　　)。
　　A. 职工关系的"职工号"　　　　　　B. 职工关系的"设备号"
　　C. 设备关系的"职工号"　　　　　　D. 设备关系的"设备号"

63. 候选码中的属性可以有(　　　)。
　　A. 0 个　　　　　　　B. 一个　　　　　　　C. 一个或多个　　　D. 多个

64. 自然连接是构成新关系的有效方法。一般情况下,当对关系 R 和 S 使用自然连接时,要求 R 和 S 中含有一个或多个共有的(　　　)。
　　A. 元组　　　　　　　B. 行　　　　　　　　C. 记录　　　　　　D. 属性

65. 取出关系中的某些列,并消去重复元组的关系代数运算称为(　　　)。
　　A. 取列运算　　　　　B. 投影运算　　　　　C. 连接运算　　　　D. 选择运算

66. 设关系 R 是 M 元关系,关系 S 是 N 元关系,则 R×S 为(　　　)元关系。
　　A. M　　　　　　　　B. N　　　　　　　　C. $M×N$　　　　　　D. $M+N$

67. 设关系 R 有 r 个元组,关系 S 有 s 个元组,则 R×S 有(　　　)个元组。
　　A. r　　　　　　　　B. $r×s$　　　　　　　C. s　　　　　　　D. $r+s$

68. 设有选修"大学计算机基础"的学生关系 R,选修"Access 数据库技术与应用"的学生关系 S,求选修了"大学计算机基础"又选修了"Access 数据库技术与应用"的学生,需进行的运算是(　　　)。
　　A. 并　　　　　　　　B. 差　　　　　　　　C. 交　　　　　　　D. 或

69. 假设有两个数据表 R、S,分别存放的是总分达到录取分数线的学生名单和单科成绩未达到及格线的学生名单。当学校的录取条件是总分达到录取线且要求单科都及格时,

55

能得到满足录取条件的学生名单的运算是(　　　)。

  A. 并   B. 差   C. 交   D. 以上都不是

70. 在"学生"表中要查找所有年龄大于 30 岁的姓王的男同学,应该采用的关系运算是(　　　)。

  A. 选择   B. 投影   C. 连接   D. 自然连接

71. 如果要从学生关系中查询学生的姓名和籍贯,需要进行的关系运算是(　　　)。

  A. 选择   B. 投影   C. 连接   D. 交

72. 设有以下关系表:

R

A	B	C
1	1	2
2	2	3

S

A	B	C
3	1	3

T

A	B	C
1	1	2
2	2	3
3	1	3

下列操作中正确的是(　　　)。

  A. $T = R \cap S$ B. $T = R \cup S$ C. $T = R \times S$ D. $T = R/S$

73. 有 R、S 和 T 3 个关系:

R(A,B,C)={(a,1,2),(b,2,1),(c,3,1)}

S(A,B,C)={(a,1,2),(d,2,1)}

T(A,B,C)={(b,2,1),(c,3,1)}

则由关系 R 和 S 得到关系 T 的操作是(　　　)。

  A. 差   B. 自然连接   C. 交   D. 并

74. 关系模型中有 3 类完整性约束,即实体完整性、参照完整性和用户定义完整性,定义外部关键字实现的是(　　　)。

  A. 实体完整性

  B. 用户定义完整性

  C. 参照完整性

  D. 实体完整性、参照完整性和用户定义完整性

75. 在建立表时,将"年龄"字段的取值限制在 18 至 40 之间,这种约束属于(　　　)。

  A. 实体完整性约束   B. 用户定义完整性约束

  C. 参照完整性约束   D. 视图完整性约束

76. 数据库设计的根本目标是要解决(　　　)。

  A. 数据的共享问题   B. 数据的安全问题

  C. 大量数据的存储问题   D. 简化数据的维护

77. 逻辑设计的主要任务是(　　　)。

  A. 进行数据库的具体定义,并建立必要的索引文件

  B. 利用自顶向下的方式进行数据库的逻辑模式设计

  C. 完成数据的描述以及数据存储格式的设定

  D. 将概念设计得到的 E-R 图转换成数据库管理系统支持的数据模型

78. 把 E-R 图转换成关系模型的过程属于数据库设计的(　　)。

    A. 概念设计　　　　B. 逻辑设计　　　　C. 需求分析　　　　D. 物理设计

79. 数据库设计人员与用户之间沟通信息的"桥梁"是(　　)。

    A. 程序流程图　　　B. E-R 图　　　　C. 功能模块图　　　D. 数据结构图

80. 图 2-2 所示的 E-R 图表示(　　)。

    A. 学校、校名、地址和电话有相同的属性

    B. 学校实体有校名、地址、电话 3 个属性

    C. 校名、地址、电话 3 个实体具有共同的属性

    D. 学校实体只有校名、地址和电话 3 个属性中的一个属性

图 2-2　"学校"及其属性 E-R 图

81. 如果两个实体集之间的联系是 $1:n$，在转换为关系时(　　)。

    A. 在 n 端实体转换的关系中加入 1 端实体转换关系的码

    B. 将 n 端实体转换的关系的码加入 1 端的关系中

    C. 将两个实体转换成一个关系

    D. 在两个实体转换的关系中分别加入另一个关系的码

82. 如果两个实体集之间的联系是 $m:n$，在转换为关系时(　　)。

    A. 联系本身不必单独转换为一个关系

    B. 联系本身可以单独转换为一个关系，有时也可以不单独转换为一个关系

    C. 联系本身必须单独转换为一个关系

    D. 将两个实体集合并为一个实体集

83. 从 E-R 模型向关系模型转换，当一个 $m:n$ 的联系转换成关系模式时，该关系模式的码是(　　)。

    A. m 端实体的码　　　　　　　　　B. m 端实体码和 n 端实体码的组合

    C. n 端实体的码　　　　　　　　　D. 重新选取其他属性

84. 如果有 10 个不同的实体集，它们之间存在着 12 个不同的二元联系(即两个实体集之间的联系)，其中，3 个是 $1:1$ 联系，4 个是 $1:n$ 联系，5 个是 $m:n$ 联系，那么根据 E-R 模型转换为关系模型的规则，这个 E-R 图转换成的关系模式的个数为(　　)。

    A. 14　　　　　　　B. 15　　　　　　　C. 19　　　　　　　D. 22

85. 下列关于数据库设计的叙述中错误的是(　　)。

    A. 设计时应避免在表之间出现重复的字段

    B. 设计时应将有联系的实体设计成一张表

    C. 使用外部关键字来保证关联表之间的联系

    D. 表中的字段必须是原始数据和基本数据元素

86. 关系数据库的规范化理论指出：关系数据库中的关系应该满足一定的要求,最基本的要求是达到 1NF,即满足(　　)。

    A. 每个非主键属性都完全依赖主键属性

    B. 主键属性唯一标识关系中的元组

    C. 关系中的元组不可重复

    D. 每个属性都是不可分解的

87. 关系模式中,满足 2NF 的模式(　　)。

    A. 可能是 1NF　　　　　　　　　　　B. 必定是 1NF

    C. 必定是 3NF　　　　　　　　　　　D. 必定是 BCNF

88. 如果关系模式 R 中的属性全是主属性,则 R 的最高范式必定是(　　)。

    A. 1NF　　　　　　B. 2NF　　　　　　C. 3NF　　　　　　D. BCNF

89. 能够消除部分函数依赖的 1NF 的关系模式必定是(　　)。

    A. 1NF　　　　　　B. 2NF　　　　　　C. 3NF　　　　　　D. BCNF

90. 在关系数据库中,任何二元关系模式的最高范式必定是(　　)。

    A. 1NF　　　　　　B. 2NF　　　　　　C. 3NF　　　　　　D. BCNF

91. 关系的规范化中,各个范式之间的关系是(　　)。

    A. $1NF \in 2NF \in 3NF$　　　　　　　　B. $3NF \in 2NF \in 1NF$

    C. $1NF = 2NF = 3NF$　　　　　　　　D. $1NF \in 2NF \in BCNF \in 3NF$

92. 不能使一个关系从第一范式转化为第二范式的条件是(　　)。

    A. 每个非主属性都完全依赖主属性　　B. 每个非主属性都部分依赖主属性

    C. 在一个关系中没有非主属性存在　　D. 主键由一个属性构成

93. 任何一个满足 2NF 但不满足 3NF 的关系模式都不存在(　　)。

    A. 主属性对关键字的部分依赖　　　　B. 非主属性对关键字的部分依赖

    C. 主属性对关键字的传递依赖　　　　D. 非主属性对关键字的传递依赖

94. 如果 $A \rightarrow B$,则属性 A 和属性 B 的联系是(　　)。

    A. 一对多　　　　　　B. 多对一　　　　　C. 多对多　　　　　D. 以上都不是

95. 设有关系模式 W(C,P,S,G,T,R),其中各属性的含义是：C 表示课程,P 表示教师,S 表示学生,G 表示成绩,T 表示时间,R 表示教室。根据语义有如下数据依赖集：$D = \{C \rightarrow P, (S,C) \rightarrow G, (T,R) \rightarrow C, (T,P) \rightarrow R, (T,S) \rightarrow R\}$,如果将关系模式 W 分解为 3 个关系模式 W1(C,P),W2(S,C,G),W2(S,T,R,C),则 W1 的规范化程序最高达到(　　)。

    A. 1NF　　　　　　B. 2NF　　　　　　C. 3NF　　　　　　D. BCNF

96. 在关系规范式中,分解关系的基本原则是(　　)。

① 实现无损连接；②分解后的关系相互独立；③保持原有的依赖关系

    A. ①和②　　　　　B. ①和③　　　　　C. ①　　　　　　　D. ②

97. 设学生关系 S(SNo,SName,SSex,SAge,SDpart)的主关键字为 SNo,学生选课关系 SC(SNo,CNo,SCore)的关键字为 SNo 和 CNo,则关系 R(SNo,CNo,SSex,SAge,SDpart,SCore)的主关键字为 SNo 和 CNo,其满足的模式是(　　)。

A. 1NF   B. 2NF   C. 3NF   D. BCNF

98. 根据关系数据库规范化理论,关系数据库中的关系要满足第一范式,部门(部门号,部门名,部门成员,部门总经理)关系中,因(   )属性而使它不满足第一范式。

A. 部门总经理   B. 部门成员   C. 部门名   D. 部门号

99. 数据库的物理设计与具体的数据库管理系统(   )。

A. 不确定   B. 无关   C. 部分相关   D. 密切相关

100. 下列不属于数据库实施阶段的工作是(   )。

A. 建立数据库   B. 加载数据   C. 扩充功能   D. 系统调试

二、填空题

1. 教学管理系统、图书管理系统等都是以_____为基础和核心的计算机应用系统。

2. 在计算机数据管理技术的发展过程中经历了_____、_____和_____三个阶段,其中数据库独立性最高的阶段是_____。

3. 数据库是在计算机系统中按照一定的方式组织、存储和应用的_____。支持数据库中各种操作的软件系统称为_____。由计算机、操作系统、数据库管理系统、数据库、应用程序和有关人员等组成的一个整体称为_____。

4. 数据库管理系统是位于应用程序和_____之间的一层管理软件。

5. 数据库体系结构按照_____、_____和_____三级结构进行组织。

6. 数据库模式体系结构中提供了两级映像功能,即_____和_____映像。

7. 数据独立性又可分为_____和_____。

8. 数据模型由_____、_____、_____三部分组成。

9. 数据模型不仅表示反映事物本身的数据,而且表示_____。

10. 数据库常用的逻辑数据模型有_____、_____、_____,Access属于_____。

11. 层次模型的数据结构是_____结构,网状模型的数据结构是_____结构,关系模型的数据结构是_____结构。

12. 在层次数据模型中,若一个节点无父节点,则它被称为_____。这种节点以外的节点最多可以有_____个父节点。

13. 实体与实体之间的联系有3种,它们是_____、_____和_____。

14. 在现实世界中,每个人都有自己的出生地,实体"人"和实体"出生地"之间的联系是_____。

15. 用二维表的形式来表示实体之间联系的数据模型称为_____。

16. 符合一定条件的二维表在关系数据库中称为_____,在Access 2010中称为_____。二维表的一行和一列在关系中分别称为_____和_____,而在Access 2010中分别称为_____和_____。

17. 在关系数据库中,将数据表示为二维表的形式,每个二维表称为_____。

18. 表是由行和列组成的,行称为_____或记录,列称为_____或字段。

19. 关系中能唯一区分、确定不同元组的属性或属性组合称为该关系的_____。

20. Access不允许在主关键字字段中有重复值或_____。

21. 在关系模式R中,若属性或属性组X不是关系R的关键字,但X是其他关系模式

59

第 2 部分

习题选解

的关键字,则称 X 为关系 R 的_____。

22. 已知两个关系:

职工(职工号,职工名,性别,职务,工资)

设备(设备号,职工号,设备名,数量)

其中,"职工号"和"设备号"分别为职工关系和设备关系的关键字,则两个关系的属性中存在一个外部关键字,为_____。

23. 已知系(系编号,系名称,系主任,电话,地点)和学生(学号,姓名,性别,入学日期,专业,系编号)两个关系,系关系的主码是系编号,学生关系的主码是学号,外码是_____。

24. 由于关系是属性个数相同的_____的集合,因此可以对关系进行_____运算。

25. 在关系代数运算中,基本的运算是_____、_____、_____、_____、和_____。

26. 连接运算是由_____和_____操作组合而成的。

27. 自然连接运算是由_____、_____和_____操作组合而成的。

28. 交运算是扩充运算,可以用_____推导出,A∩B 的替代表达式是_____。

29. 在关系数据库的基本操作中,从表中取出满足条件元组的操作称为_____;把两个关系中相同属性值的元组连接到一起形成新的二维表的操作称为_____;从表中抽取属性值满足条件列的操作称为_____。

30. 在教师关系中,如果要找出职称为"教授"的教师,应该采用的关系运算是_____。

31. 有两个关系 R、S 如下:

R

A	B	C
a	3	2
b	0	1
c	2	1

S

A	B
a	3
b	0
c	2

由关系 R 通过运算得到关系 S,所使用的运算为_____。

32. 关系模型的完整性规则包括_____、_____和_____。

33. 关系中主关键字的取值必须唯一且非空,这条规则是_____完整性规则。

34. 在关系模型中,"关系中不允许出现相同元组"的约束是通过_____实现的。

35. 数据库设计的步骤依次是_____、_____、_____、_____、数据库实施和数据库运行与维护等。

36. 将 E-R 图转换为关系模型,这是数据库设计过程中_____设计阶段的任务。

37. 在将 E-R 图转换为关系模型时,实体和联系都可以表示成_____。

三、问答题

1. 计算机数据管理技术经过哪几个发展阶段?

2. 文件系统中的文件与数据库系统中的文件有何本质上的不同?

3. 数据库系统有哪些特点?

4. 什么是数据独立性?在数据库系统中如何保证数据的独立性?数据独立性可带来

什么好处?

5. 简述数据模型的 3 个组成要素。

6. 概念模型的作用是什么?

7. 解释术语:实体、实体型、实体集、属性、实体-联系图(E-R 图)。

8. 实体之间的联系有哪几种? 分别举例说明。

9. 关系数据模型有哪些优缺点?

10. 关系与一般的表格有什么区别? 为什么关系中的元组没有先后顺序,并且关系中不允许有重复的元组?

11. 笛卡儿积、等值连接、自然连接三者之间有什么区别?

12. 给出以下术语的定义:函数依赖、部分函数依赖和完全函数依赖。

13. 建立一个关于系、学生、班级、学会等信息的关系数据库。

描述学生的属性有:学号、姓名、出生年月、系名、班号、宿舍区;描述班级的属性有:班号、专业名、系名、人数、入校年份;描述系的属性有:系名、系号、系办公室地点、人数;描述学会的属性有:学会名、成立年份、地点、人数。

有关语义如下:一个系有若干专业,每个专业每年只招一个班,每个班有若干学生。一个系的学生住在同一宿舍区。每个学生可参加若干学会,每个学会有若干学生。学生参加某个学会有一个入会年份。

(1) 请给出关系模式。

(2) 请写出每个关系模式的极小函数依赖集,指出是否存在传递函数依赖,对于函数依赖左部是多属性的情况,讨论函数依赖是完全函数依赖,还是部分函数依赖。

(3) 请指出各关系的候选关键字和外部关键字。

14. 简述将 E-R 模型转换成关系模型的方法。

四、应用题

1. 设关系 $R = \{(a,b,c),(f,d,e),(c,b,d)\}$,关系 $S = \{(f,d,e),(c,a,d)\}$,分别求 $R \cup S$、$R - S$、$R \cap S$、$R \times S$。

2. 设有关系 R 和 S:

$$R(A,B) = \{(1,2),(2,5),(3,3)\}$$
$$S(B,C) = \{(2,2),(3,3),(2,4)\}$$

计算:

(1) $R_1 = R \underset{R.B = S.B}{\bowtie} S$。

(2) $R_2 = \pi_{(A,C)}(R_1)$。

(3) $R_3 = \pi_{(A,B)}(\sigma_{B=2}(R_1))$。

(4) $R_4 = \sigma_{A=C}(R \times T)$。

3. 设有导师关系和研究生关系,按要求写出关系运算式。

导师(导师编号,姓名,职称) $= \{(S_1,刘东,副教授),(S_2,王南,讲师),(S_3,蔡西,教授),(S_4,张北,副教授)\}$

研究生(研究生编号,研究生姓名,性别,年龄,导师编号) $= \{(P_1,赵一,男,18,S_1),(P_2,钱二,女,20,S_3),(P_3,孙三,女,25,S_3),(P_4,李四,男,18,S_4),(P_5,王五,男,25,S_2)\}$

(1) 查找年龄在 25 岁以上的研究生。

（2）查找所有的教授。

（3）查找导师"王南"指导的所有研究生的编号和姓名。

（4）查找研究生"李四"的导师的相关信息。

4. 设有关系 r(R) 如下：

A	B	C	D
a_1	b_1	c_1	d_1
a_1	b_2	c_1	d_1
a_1	b_3	c_2	d_1
a_2	b_1	c_1	d_1
a_2	b_2	c_3	d_2

（1）找出关系中的所有候选关键字。

（2）关系 r 最高是哪一级范式？

（3）将关系无损分解为若干个 3NF 的关系。

5. 现有某个应用，涉及以下两个实体集，相关的属性如下：

$$R(A\#, A_1, A_2, A_3)，其中 A\# 为关键字$$

$$S(B\#, B_1, B_2)，其中 B\# 为关键字$$

从实体集 R 到 S 存在多对一的联系，联系属性是 D_1。

（1）设计相应的关系模型。

（2）如果将该应用的数据库设计为一个关系模式 RS($A\#, A_1, A_2, A_3, B\#, B_1, B_2, D_1$)，指出该关系模式的关键字。

（3）假设关系模式 RS 上的全部函数依赖为 $A_1 \rightarrow A_3$，指出关系模式 RS 最高满足第几范式？为什么？

（4）如果将该应用的数据库设计为如下 3 个关系模式：

$$R_1(A\#, A_1, A_2, A_3)$$

$$R_2(B\#, B_1, B_2)$$

$$R_3(A\#, B\#, D_1)$$

关系模式 R_2 是否一定满足第三范式？为什么？

6. 商店管理数据库中有 3 个实体，一是"商店"实体，属性有商店编号、商店名、地址等；二是"商品"实体，属性有商品号、商品名、规格、单价等；三是"职工"实体，属性有职工编号、姓名、性别、业绩等。

商店与商品之间存在着"销售"联系，每个商店可销售多种商品，每种商品也可放在多个商店销售，每个商店销售一种商品，有月销售量；商店与职工之间存在着"聘用"联系，每个商店有多名职工，每名职工只能在一个商店工作，商店聘用职工有聘期和工资。

（1）试画出 E-R 图。

（2）将 E-R 图转换成关系模型，并说明主键和外键。

7. 设某商业集团数据库中有 3 个实体，一是"公司"实体，属性有公司编号、公司名、地址等；二是"仓库"实体，属性有仓库编号、仓库名、地址等；三是"职工"实体，属性有职工编号、姓名、性别等。

公司与仓库之间存在着"隶属"联系,每个公司管辖若干个仓库,每个仓库只能由一个公司管辖;仓库与职工之间存在着"聘用"联系,每个仓库可聘用多名职工,每名职工只能在一个仓库工作,仓库聘用职工有聘期和工资。

(1) 试画出 E-R 图,并在图上注明属性、联系的类型。

(2) 将 E-R 图转换成关系模型,并注明主键和外键。

8. 设某汽车运输公司数据库中有 3 个实体,一是"车队"实体,属性有车队编号、车队名等;二是"车辆"实体,属性有牌照号、型号、出厂日期等;三是"司机"实体,属性有司机编号、姓名、电话等。

设车队与司机之间存在着"聘用"联系,每个车队可聘用若干名司机,但每名司机只能应聘于一个车队,车队聘用司机有聘期;车队与车辆之间存在着"拥有"联系,每个车队可拥有若干车辆,但每辆车只能属于一个车队;司机与车辆之间存在着"驾驶"联系,司机驾驶车辆有驾驶日期和公里数两个属性,每名司机可使用多辆汽车,每辆汽车可被多名司机使用。

(1) 试画出 E-R 图,并在图上注明属性、联系类型、实体标识符。

(2) 将 E-R 图转换成关系模型,并说明主键和外键。

9. 图 2-3 为一张交通违章处罚通知书,试根据这张通知书所提供的信息设计一个 E-R 模型,并将这个 E-R 模型转换成关系模型,要求标明主键和外键。

交通违章通知书 编号:TZ22719

姓名:××× 驾驶执照号:××××××		
地址:×××××××××		
邮编:×××××× 电话:××××××		
机动车牌照号:×××××× 型号:××××××		
制造厂:×××××× 生产日期:××××××		
违章日期:×××××× 时间:××××××		
地点:×××××××× 违章记载:××××××		
处罚方法: ■ 警告 ■ 罚款 □ 暂扣驾驶执照		
警察签字:××× 警察编号:××××××		
被处罚人签字:×××		

注:一张违章通知单可能有多项处罚,如警告、罚款。

图 2-3   交通违章处罚通知书

参 考 答 案

一、选择题

1. B	2. D	3. A	4. D	5. C	6. B	7. C	8. A
9. C	10. B	11. A	12. B	13. C	14. D	15. C	16. B
17. B	18. C	19. C	20. A	21. D	22. A	23. D	24. D
25. B	26. A	27. D	28. C	29. B	30. D	31. D	32. C
33. A	34. C	35. B	36. C	37. A	38. D	39. D	40. D
41. B	42. B	43. C	44. D	45. D	46. C	47. B	48. D
49. C	50. A	51. C	52. D	53. C	54. D	55. A	56. C

57. A	58. D	59. C	60. A	61. D	62. C	63. C	64. D
65. B	66. D	67. B	68. C	69. B	70. A	71. B	72. B
73. A	74. C	75. B	76. A	77. D	78. B	79. B	80. B
81. A	82. C	83. B	84. B	85. B	86. D	87. B	88. C
89. B	90. D	91. A	92. B	93. D	94. B	95. D	96. B
97. A	98. B	99. D	100. C				

二、填空题

1. 数据库

2. 人工管理阶段、文件管理阶段、数据库管理阶段、数据库管理阶段

3. 数据集合、数据库管理系统、数据库系统

4. 操作系统

5. 外模式、模式、内模式

6. 外模式/模式、模式/内模式

7. 逻辑数据独立性、物理数据独立性

8. 数据结构、数据操作、完整性约束

9. 相关事物之间的联系

10. 层次模型、网状模型、关系模型、关系模型

11. 树、有向图、二维表

12. 根节点、一

13. 一对一联系(1∶1)、一对多联系(1∶n)、多对多联系(m∶n)

14. 一对多联系

15. 关系模型

16. 关系、表、元组、属性、记录、字段

17. 关系

18. 元组、属性

19. 关键字

20. 空值

21. 外部关键字

22. 设备关系的"职工号"

23. 系编号

24. 元组、集合

25. 并、差、笛卡儿积、选择、投影

26. 笛卡儿积、选择

27. 笛卡儿积、选择、投影

28. 差运算、A−(A−B)或B−(B−A)

29. 选择、连接、投影

30. 选择

31. 投影

32. 实体完整性、参照完整性、用户定义的完整性规则

33. 实体

34. 主关键字(或候选关键字)

35. 需求分析、概念设计、逻辑设计、物理设计

36. 逻辑

37. 关系

三、问答题

1. **答**：计算机数据管理技术经历了人工管理、文件管理、数据库管理以及新型数据库系统管理等发展阶段。

人工管理阶段的数据管理是以人工管理方式进行的，不需要将数据长期保存，由应用程序管理数据，数据有冗余，无法实现共享，数据对程序不具有独立性。

文件管理阶段利用操作系统的文件管理功能将相关数据按一定的规则构成文件，通过文件系统对文件中的数据进行存取和管理，实现数据的文件管理方式。数据可以长期保存，数据对程序有一定的独立性，但数据的共享性差、冗余度大，容易造成数据不一致，数据的独立性差，数据之间缺乏有机的联系，缺乏对数据的统一控制和管理。

在数据库管理阶段，由数据库管理系统对数据进行统一的控制和管理，在应用程序和数据库之间保持着较高的独立性，数据具有完整性、一致性和安全性高等特点，并且具有充分的共享性，有效地减少了数据冗余。

新型数据库系统包括分布式数据库系统、面向对象数据库系统、多媒体数据库系统等，为复杂数据的管理以及数据库技术的应用开辟新的途径。

2. **答**：文件系统中的文件是面向应用的，一个文件基本上对应一个应用程序，文件之间不存在联系，数据的冗余大，数据的共享性差，数据的独立性差。数据库系统中的文件不再面向特定的某个或多个应用，而是面向整个应用系统，文件之间是相互联系的，减少了数据冗余，实现了数据共享，数据的独立性高。

3. **答**：数据库系统的特点如下。

(1) 数据结构化。

在数据库系统中不仅要考虑某个应用的数据结构，还要考虑整个组织(即多个应用)的数据结构。这种数据组织方式使数据结构化，这就要求在描述数据时不仅要描述数据本身，还要描述数据之间的联系。数据库系统实现整体数据的结构化，这是数据库的主要特点之一，也是数据库系统与文件系统的本质区别。

(2) 数据的共享性好、冗余度低。

数据共享是指多个用户或应用程序可以访问同一个数据库中的数据。数据库减少了数据冗余，保证了数据的一致性。

(3) 具有较高的数据独立性。

在数据库系统中，由于采用了数据库的三级模式结构，保证了数据库中数据的独立性。在数据的存储结构发生改变时不影响数据的全局逻辑结构，这样保证了数据的物理独立性。在全局逻辑结构改变时不影响用户的局部逻辑结构以及应用程序，保证数据的逻辑独立性。

(4) 有统一的数据控制功能。

在数据库系统中，数据由数据库管理系统统一控制和管理，包括数据的安全性控制、数

据的完整性控制、数据库的并发控制和数据库的恢复等,增强了多用户环境下数据的安全性和一致性保护。

4. **答**：数据独立性是指应用程序与数据库的数据结构之间相互独立。在数据库系统中,由于采用了数据库的三级模式结构,保证了数据库中数据的独立性。数据库系统通常采用外模式、模式和内模式三级模式结构,数据库管理系统在这三级模式之间提供了外模式/模式和模式/内模式两级映像。当整个系统要求改变模式时(如增加记录类型、增加数据项),由数据库管理系统对各个外模式/模式的映像做相应改变,使无关的外模式保持不变,而应用程序是依据数据库的外模式编写的,所以应用程序不必修改,从而保证数据的逻辑独立性。当数据的存储结构改变时,由数据库管理系统对模式/内模式映像做相应改变,可以使模式不变,从而应用程序也不必改变,保证了数据的物理独立性。

数据独立性的好处是减轻了维护应用程序的工作量。对于同一个数据库的逻辑模式可以建立不同的用户模式,从而提高了数据的共享性,使数据库系统有较好的可扩充性,给DBA维护、改变数据库的物理存储提供了方便。

5. **答**：数据模型应包含数据结构、数据操作和数据完整性约束3个组成要素。数据结构是指对实体类型和实体间联系的表达和实现,数据操作是指对数据库的查询和更新两类操作的实现,数据完整性约束给出了数据及其联系应具有的制约和依赖规则。

6. **答**：概念模型是现实世界到机器世界的一个中间层次,概念模型用于信息世界的建模,是现实世界到信息世界的第一层抽象,是数据库设计人员进行数据库设计的有力工具,也是数据库设计人员和用户之间进行交流的语言。

7. **答**：

实体：客观存在并可以相互区分的事物称为实体。

实体型：具有相同属性的实体具有相同的特征和性质,用实体名及其属性名集合来抽象和刻画同类实体称为实体型。

实体集：同型实体的集合称为实体集。

属性：实体所具有的某一特性,一个实体可由若干个属性来刻画。

实体-联系图(E-R图)：E-R图提供了表示实体型、属性和联系的方法,用来描述现实世界的概念模型。其中,实体型用矩形表示,矩形框内写明实体名；属性用椭圆形表示,并用无向边将其与相应的实体连接起来；联系用菱形表示,菱形框内写明联系名,并用无向边分别与有关实体连接起来,同时在无向边旁标上联系的类型($1:1$、$1:n$ 或 $m:n$)。

8. **答**：实体之间的联系有3种类型,即一对一($1:1$)、一对多($1:n$)、多对多($m:n$)。例如,一位乘客只能坐一个机位,一个机位只能由一位乘客乘坐,所以乘客和飞机机位之间的联系是 $1:1$ 的联系。一个班级有许多学生,而一个学生只能编入某一个班级,所以班级和学生之间的联系是 $1:n$ 的联系。一个教师可以讲授多门课程,同一门课程也可以由多个教师讲授,所以教师和课程之间的联系是 $m:n$ 的联系。

9. **答**：

关系数据模型的优点：关系数据模型建立在严格的数学理论基础之上,有坚实的理论基础；在关系模型中,数据结构简单,数据以及数据间的联系都是用二维表表示的。

关系数据模型的缺点：存取路径对用户透明,查询效率常常不如非关系数据模型。关系数据模型等传统数据模型还存在不能以自然的方式表示实体集间的联系、语义信息不足、数据类型过少等缺点。

10. **答:**与一般的表格相比,关系有下列 4 个不同点:关系中的属性值是不可再分的;关系中没有重复元组;关系中的属性没有顺序;关系中元组的顺序是无关紧要的。

由于关系被定义为元组的集合,而集合中的元素是没有顺序的,因此关系中的元组也就没有先后顺序(对于用户而言)。这样既能减少逻辑排序,又便于在关系数据库中引进集合论的理论。

每个关系模式都有一个主键,在关系中主键值是不允许重复的,否则起不了唯一标识的作用。如果关系中有重复元组,那么其主键值肯定相等,因此关系中不允许有重复元组。

11. **答:**连接是由笛卡儿积和选择操作组合而成的,而等值连接是 θ 为等号"="的连接;一般自然连接用在两个关系有公共属性的情况下,如果两个关系没有公共属性,那么其自然连接就转化为笛卡儿积操作。

12. **答:**

1) 函数依赖

设 $R = R(A_1, A_2, \cdots, A_n)$ 是一个关系模式($A_1, A_2, \cdots, A_n$ 是 R 的属性),$X \in \{A_1, A_2, \cdots, A_n\}$,$Y \in \{A_1, A_2, \cdots, A_n\}$,即 X 和 Y 是 R 的属性子集,$T_1$、$T_2$ 是 R 的两个任意元组,即 $T_1 = T_1(A_1, A_2, \cdots, A_n)$,$T_2 = T_2(A_1, A_2, \cdots, A_n)$,如果当 $T_1(X) = T_2(X)$ 成立时,总有 $T_1(Y) = T_2(Y)$,则称 X 决定 Y,或称 Y 函数依赖于 X。记为:$X \rightarrow Y$。

2) 部分函数依赖和完全函数依赖

R、X、Y 如函数依赖所设,如果 $X \rightarrow Y$ 成立,但对 X 的任意真子集 X_1,都有 $X_1 \rightarrow Y$ 不成立,则称 Y 完全函数依赖于 X;否则,称 Y 部分函数依赖于 X。

13. **答:**

(1) 关系模式如下:

学生 S(S#,SN,SB,DN,C#,SA)

班级 C(C#,CS,DN,CNUM,CDATE)

系 D(D#,DN,DA,DNUM)

学会 P(PN,DATE1,PA,PNUM)

学生-学会 SP(S#,PN,DATE2)

其中,S# 为学号,SN 为姓名,SB 为出生年月,SA 为宿舍区;C# 为班号,CS 为专业名,CNUM 为班级人数,CDATE 为入校年份;D# 为系号,DN 为系名,DA 为系办公室地点,DNUM 为系人数;PN 为学会名,DATE1 为成立年月,PA 为地点,PNUM 为学会人数,DATE2 为入会年份。

(2) 每个关系模式的极小函数依赖集如下。

S:S#→SN,S#→SB,S#→C#,C#→DN,DN→SA

C:C#→CS,C#→CNUM,C#→CDATE,CS→DN,(CS,CDATE)→C#

D:D#→DN,DN→D#,D#→DA,D#→DNUM

P:PN→DATE1,PN→PA,PN→PNUM

SP:(S#,PN)→DATE2

S 中存在传递函数依赖:S#→DN, S#→SA, C#→SA

C 中存在传递函数依赖:C#→DN

$(S\#,PN)\rightarrow DATE2$ 和 $(CS,CDATE)\rightarrow C\#$ 均为 SP 中的函数依赖,是完全函数依赖。

(3) 各关系的候选关键字和外部关键字如下:

关系名	候选关键字	外部关键字
S	S# C#	DN
C	C#,(CS,CDATE)	DN
D	D# 和 DN	无
P	PN	无
SP	(S#,PN)	S#,PN

14. **答:**

1) 1∶1 联系到关系模式的转化

若实体间的联系是 1∶1 联系,只要在两个实体类型转换为的两个关系模式中的任意一个关系模式中增加另一关系模式的关键属性和联系的属性即可。

2) 1∶n 联系到关系模式的转化

若实体间的联系是 1∶n 联系,则需要在 n 方(即 1 对多联系的多方)实体的关系模式中增加 1 方实体类型的关键属性和联系的属性,1 方的关键属性作为外部关键属性处理。

3) m∶n 联系到关系模式的转化

若实体间的联系是 m∶n 联系,则除了对两个实体分别进行转化外,还要为联系类型单独建立一个关系模式,其属性为两方实体类型的关键属性加上联系类型的属性,两方实体关键属性的组合作为关键属性。

4) 多元联系到关系模式的转化

和二元联系的转换类似,三元联系的转换方法如下。

若实体间的联系是 1∶1∶1 联系,只要在 3 个实体类型转换为的 3 个关系模式中的任意一个关系模式中增加另外两个关系模式的关键属性(作为外部关键属性)和联系的属性即可。

若实体间的联系是 1∶1∶n 联系,则需要在 n 方实体的关系模式中增加两个 1 方实体的关键属性(作为外部关键属性)和联系的属性。

若实体间的联系是 1∶m∶n 联系,则除了对 3 个实体分别进行转化外,还要为联系类型单独建立一个关系模式,其属性为 m 方和 n 方实体类型的关键属性(作为外部关键属性)加上联系类型的属性,m 方和 n 方实体关键属性的组合作为关键属性。

若实体间的联系是 m∶n∶p 联系,则除了对 3 个实体分别进行转化外,还要为联系类型单独建立一个关系模式,其属性为 3 方实体类型的关键属性(作为外部关键属性)加上联系类型的属性,3 方实体关键属性的组合作为关键属性。

三元以上的联系到关系模式的转化可以类推。

四、应用题

1. **答:**

$R\cup S=\{(a,b,c),(f,d,e),(c,b,d),(c,a,d)\}$

$R-S=\{(a,b,c),(c,b,d)\}$

$R\cap S=\{(f,d,e)\}$

$R\times S=\{(a,b,c,f,d,e),(a,b,c,c,a,d),(f,d,e,f,d,e),(f,d,e,c,a,d),(c,b,d,f,d,e),$
   $(c,b,d,c,a,d)\}$

2. 答：

(1) $R_1(A,B,C) = \{(1,2,2),(1,2,4),(3,3,3)\}$

(2) $R_2(A,C) = \{(1,2),(1,4),(3,3)\}$

(3) $R_3(A,B) = \{(1,2),(1,2)\}$

(4) $R_4(A,R.B,S.B,C) = \{(2,5,2,2),(3,3,3,3)\}$

3. 答： 关系运算式如下。

(1) $\sigma_{\text{年龄}>25}(\text{研究生})$。

(2) $\sigma_{\text{职称}='\text{教授}'}(\text{导师})$。

(3) $\pi_{(\text{研究生编号,研究生姓名})}(\sigma_{\text{姓名}='\text{王南}'}(\text{导师} \underset{\text{条件}}{\bowtie} \text{研究生}))$，其中，连接的条件为"导师.导师编号＝研究生.导师编号"。

(4) $\pi_{(\text{导师编号,姓名,职称})}(\sigma_{\text{研究生姓名}='\text{李四}'}(\text{导师} \underset{\text{条件}}{\bowtie} \text{研究生}))$，其中，连接的条件为"导师.导师编号＝研究生.导师编号"。

4. 答：

(1) 候选关键字为 AB。

(2) 该关系最高为 2NF。

(3) 分解结果关系如下：

A	B	C
a_1	b_1	c_1
a_1	b_2	c_1
a_1	b_3	c_2
a_2	b_1	c_1
a_2	b_2	c_3

C	D
c_1	d_1
c_2	d_1
c_3	d_2

5. 答：

(1) 相应的关系模型如下：

$$R_1(A\#, A_1, A_2, A_3, B\#, D_1)$$
$$R_2(B\#, B_1, B_2)$$

(2) 关系模式 RS($A\#, A_1, A_2, A_3, B\#, B_1, B_2, D_1$)的关键字是 $A\#B\#$。

(3) RS 满足 2NF，不满足 3NF。因为存在非主属性 A_3 对码 $A\#B\#$ 的传递依赖，没有部分函数依赖。

(4) 不一定。如果 R_3 中有两个非主属性 B_1 和 B_2，有可能存在函数依赖 $B_1 \rightarrow B_2$，则出现传递依赖 $B\# \rightarrow B_1$、$B_1 \rightarrow B_2$。

6. 答：

(1) 对应的 E-R 图如图 2-4 所示。

(2) 该 E-R 图可以转换为以下关系模式。

商店(<u>商店编号</u>,商店名,地址)，商店编号为主键。

职工(<u>职工编号</u>,姓名,性别,业绩,商店编号,聘期,工资)，职工编号为主键,商店编号为外键。

商品(<u>商品号</u>,商品名,规格,单价)，商品号为主键。

销售(商店编号,商品号,月销售量),商店编号+商品号为主键,商店编号、商品号均为外键。

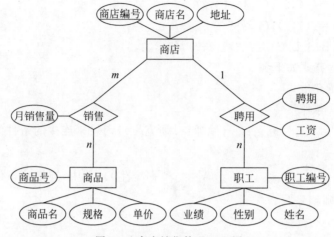

图 2-4 商店销售管理 E-R 图

7. **答:**

(1) 对应的 E-R 图如图 2-5 所示。

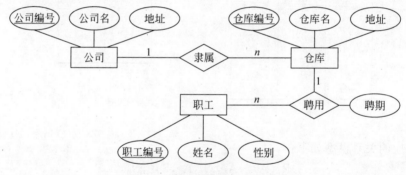

图 2-5 商业仓库管理 E-R 图

(2) 该 E-R 图可以转换为 3 个关系模式。

公司(公司编号,公司名,地址),公司编号为主键。

仓库(仓库编号,仓库名,地址,公司编号),仓库编号为主键,公司编号为外键。

职工(职工编号,姓名,性别,仓库编号,聘期),职工编号为主键,仓库编号为外键。

8. **答:**

(1) 对应的 E-R 图如图 2-6 所示。

(2) 转换成的关系模型应具有 4 个关系模式。

车队(车队编号,车队名),车队编号为主键。

车辆(牌照号,型号,生产日期,车队编号),牌照号为主键,车队编号为外键。

司机(司机编号,姓名,电话,车队编号,聘期),司机编号为主键,车队编号为外键。

驾驶(司机编号,牌照号,驾驶日期,公里数),司机编号+牌照号+驾驶日期为主键,司机编号、牌照号均为外键。

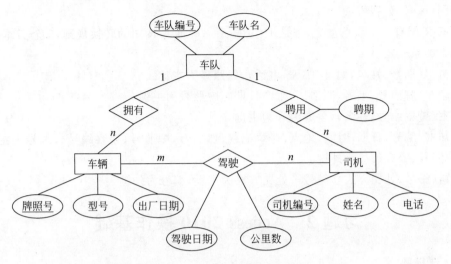

图 2-6　汽车运输管理 E-R 图

9. **答**：E-R 图如图 2-7 所示。

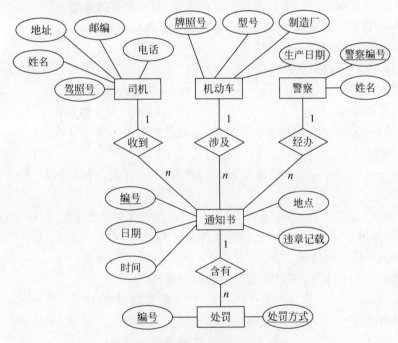

图 2-7　交通违章管理 E-R 图

该 E-R 图有 5 个实体类型，其结构如下。

司机(驾照号,姓名,地址,邮编,电话)

机动车(牌照号,型号,制造厂,生产日期)

警察(警察编号,姓名)

通知书(编号,日期,时间,地点,违章记载)

处罚(编号,处罚方式)

该 E-R 图有 4 个联系类型,都是 1∶n 联系。根据 E-R 图的转换规则,5 个实体类型转换为 5 个关系模式。

司机(<u>驾照号</u>,姓名,地址,邮编,电话),驾照号为主键。

机动车(<u>牌照号</u>,型号,制造厂,生产日期),牌照号为主键。

警察(<u>警察编号</u>,姓名),警察编号为主键。

通知书(<u>编号</u>,日期,时间,地点,违章记载,驾照号,牌照号,警察编号),编号为主键,驾照号、牌照号、警察编号为外键。

处罚(<u>编号</u>,<u>处罚方式</u>),编号+处罚方式为主键,编号为外键。

习题 2   Access 2010 操作基础

一、选择题

1. 以下关于 Access 特点的叙述中,不正确的是( )。

    A. Access 数据库中的各种对象都存储在一个文件中

    B. Access 数据库可以保存多种类型的数据,包括多媒体数据

    C. Access 可以通过编写应用程序来操作数据库中的数据

    D. Access 不支持 Internet 应用

2. Access 2010 的数据库类型是( )。

    A. 层次数据库   B. 网状数据库

    C. 关系数据库   D. 面向对象数据库

3. 利用 Access 2010 创建的数据库文件,其默认的扩展名为( )。

    A. .mdf   B. .dbf   C. .mdb   D. .accdb

4. 在 Access 2010 中,如果要设置数据库的默认文件夹,可以选择"文件"选项卡中的( )命令。

    A. "信息"   B. "选项"   C. "保存并发布"   D. "打开"

5. 以下不能退出 Access 2010 系统的操作方法是( )。

    A. 按 Alt+F4 快捷键

    B. 双击 Access 2010 窗口标题栏中的控制按钮

    C. 在 Access 2010 窗口中选择"文件"→"关闭数据库"命令

    D. 单击 Access 2010 窗口中的"关闭"按钮

6. 在完成操作后,退出 Access 2010 可以使用的快捷键是( )。

    A. Alt+F5   B. Ctrl+F4   C. Alt+F+X   D. Ctrl+O

7. 退出 Access 数据库管理系统可以使用的快捷键是( )。

    A. Alt+F4   B. Alt+X   C. Ctrl+C   D. Ctrl+O

8. 在 Access 2010 窗口中,功能区由( )组成。

    A. 选项卡、命令组和命令按钮   B. 菜单、工具栏和命令按钮

    C. 选项卡、菜单命令和工具按钮   D. 选项卡、工具栏和命令按钮

9. 在 Access 2010 中,随着打开的数据库对象的不同而不同的操作区域称为(   )。

    A. 命令选项卡　　　　　　　　　　B. 上下文选项卡

    C. 导航窗格　　　　　　　　　　　D. 工具栏

10. Access 2010 不再支持数据访问页对象,在 Web 上信息共享与协同工作是通过(   )来实现的。

    A. 数据选项卡　　　　　　　　　　B. SharePoint 网站

    C. Access 在线帮助　　　　　　　　D. Outlook 新闻组

11. 以下不是 Access 2010 数据库对象的是(   )。

    A. 查询　　　　　B. 窗体　　　　　C. 宏　　　　　D. 工作簿

12. 以下不是 Access 数据库对象的是(   )。

    A. 报表　　　　　B. Word 文档　　　C. 模块　　　　D. 表

13. 在 Access 数据库中,表就是(   )。

    A. 关系　　　　　B. 记录　　　　　C. 索引　　　　D. 数据库

14. 下列说法中正确的是(   )。

    A. 在 Access 中,数据库中的数据存储在表和查询中

    B. 在 Access 中,数据库中的数据存储在表和报表中

    C. 在 Access 中,数据库中的数据存储在表、查询和报表中

    D. 在 Access 中,数据库中的所有数据都存储在表中

二、填空题

1. Microsoft Access 是_____系列应用软件之一。

2. 在 Access 2010 中,所有对象都存放在一个扩展名为_____的数据库文件中。

3. 在 Access 2010 中,如果要自定义快速访问工具栏,可以选择"文件"选项卡中的_____命令。

4. Access 2010 用_____来代替以前版本中的菜单和工具栏,使操作的起点集中在一个位置。

5. 在 Access 2010 中,数据库的核心对象是_____。

6. 在 Access 2010 中,用于和用户进行交互的数据库对象是_____。

三、问答题

1. Access 2010 的新增功能主要有哪些?

2. Access 2010 的启动和退出各有哪些方法?

3. Access 2010 的主窗口由哪几个部分组成?

4. Access 2010 的导航窗格有何特点?

5. Access 2010 的功能区有何优点?

6. Access 2010 的数据库对象有哪些?它们有何作用?

参 考 答 案

一、选择题

1. D　　2. C　　3. D　　4. B　　5. C　　6. C　　7. A　　8. A

9. B　　10. B　　11. D　　12. B　　13. A　　14. D

二、填空题

1. Microsoft Office

2. . accdb

3. 选项

4. 功能区

5. 表

6. 窗体

三、问答题

1. **答**：Access 2010 的新增功能主要有全新的用户界面、方便实用的模板、新增的数据类型和控件、改进的宏、新的数据共享方式等。

2. **答**：启动 Access 2010 常用以下 3 种方法。

(1) 在 Windows 桌面上单击"开始"按钮，然后选择"所有程序"→Microsoft Office→Microsoft Access 2010 命令。

(2) 先在 Windows 桌面上建立 Access 2010 的快捷方式，然后双击 Access 2010 快捷方式图标。

(3) 双击要打开的数据库文件。

退出 Access 2010 的方法主要有以下 4 种。

(1) 在 Access 2010 窗口中选择"文件"→"退出"命令。

(2) 单击 Access 2010 窗口右上角的"关闭"按钮。

(3) 双击 Access 2010 窗口左上角的控制菜单图标；或单击控制菜单图标，从打开的菜单中选择"关闭"命令；或按 Alt+F4 快捷键。

(4) 右击 Access 2010 窗口中的标题栏，在弹出的快捷菜单中选择"关闭"命令。

3. **答**：Access 2010 的主窗口包括标题栏、快速访问工具栏、功能区、导航窗格、对象编辑区和状态栏等组成部分。

快速访问工具栏中的命令始终可见，用户可以将最常用的命令添加到此工具栏中。通过快速访问工具栏，只需单击一次即可访问命令。

功能区是一个横跨在 Access 2010 主窗口顶部的带状区域，它由选项卡、命令组和各组中的命令按钮 3 个部分组成。单击选项卡可以打开此选项卡所包含的命令组以及各组中相应的命令按钮。

在 Access 2010 中打开数据库时，位于主窗口左侧的导航窗格中将显示当前数据库中的各种数据库对象，如表、查询、窗体、报表等。导航窗格可以帮助用户组织数据库对象，是打开或更改数据库对象设计的主要方式，它取代了 Access 2007 之前版本中的数据库窗口。

对象编辑区位于 Access 2010 主窗口的右下方，导航窗格的右侧，它是用来设计、编辑、修改以及显示表、查询、窗体和报表等数据库对象的区域。对象编辑区的最下面是记录定位器，其中显示共有多少条记录以及当前编辑的是第几条。

状态栏是位于 Access 2010 主窗口底部的条形区域。右侧是各种视图切换按钮，单击各个按钮可以快速切换视图的状态，左侧显示了当前视图状态。

4. **答**：导航窗格取代了早期 Access 版本中所使用的数据库窗口，在打开数据库或创建新数据库时，数据库对象的名称将显示在导航窗格中，包括表、查询、窗体、报表等。在导航窗格中可以实现对各种数据库对象的操作。

5. **答**：功能区取代了 Access 2007 以前版本中的下拉式菜单和工具栏，是 Access 2010 中主要的操作界面。功能区的主要优点是将通常需要使用菜单、工具栏、任务窗格和其他用户界面组件才能显示的任务或入口点集中在一个地方，这样，用户只需在一个位置查找命令，而不用到处查找命令，方便了使用。

6. **答**：Access 2010 包括 6 种不同的数据库对象，它们是表、查询、窗体、报表、宏和模块。

表(Table)又称数据表，它是数据库的核心与基础，用于存放数据库中的所有数据。

查询(Query)就是从表中搜索特定的数据，它是按照一定的条件从一个或多个表中筛选出所需要的数据而形成的一个动态数据集，并在一个虚拟的数据表窗口中显示出来。

窗体(Form)是数据库系统和用户之间进行交互操作的界面。通过窗体，用户可以对数据库进行编辑、修改，还可以直接或间接地调用宏或模块，并执行查询、打印、预览、计算等功能。

报表(Report)主要用来打印或显示数据库中的数据。利用报表(Report)可以将数据库中需要的数据提取出来进行分析、整理和计算，并将数据以格式化的方式打印输出。

宏(Macro)是一系列操作命令的集合。利用宏可以使大量的重复性操作自动完成，从而使管理和维护 Access 数据库更加简单。

模块(Module)是用 VBA(Visual Basic for Application)语言编写的程序段，使用模块对象可以完成宏不能完成的复杂任务。

在 Access 2007 以前的版本中，Access 数据库中还有一种数据访问页对象，它是一种特殊的 Web 页，是 Access 中唯一独立于 Access 数据库文件之外的对象。与以前版本不同的是 Access 2007 及其以后的版本不再支持数据访问页对象。如果希望在 Web 上部署数据输入窗体并在 Access 中存储所生成的数据，需要将数据库部署到 Microsoft Windows SharePoint Services 服务器上，使用 Windows SharePoint Services 提供的工具实现。

习题 3 数据库的创建与管理

一、选择题

1. 在 Access 中，表和数据库的关系是(   )。
   A. 一个数据库可以包含多个表
   B. 一个表只能包含两个数据库
   C. 一个表可以包含多个数据库
   D. 数据库就是数据表

2. 下列属于 Access 2010 创建的数据库文件的是(   )。
   A. 贺卡. docx
   B. 销售. xlsx
   C. 运动员. accdb
   D. 学籍. mdb

3. 在 Access 2010 中，建立数据库文件可以选择"文件"选项卡中的(   )命令。
   A. "新建"   B. "创建"   C. Create   D. New

4. 如果要新建一个资产数据库，最快捷的方法是(   )。
   A. 新建空数据库
   B. 通过数据库字段模板建立
   C. 通过数据库模板建立
   D. 先建立 Excel 表格再导入到 Access 中

5. Access 在同一时间可打开(　　)个数据库。

  A. 1   B. 2   C. 3   D. 4

6. 打开数据库文件的方法有(　　)。

  A. 选择"文件"→"打开"命令   B. 单击最近使用过的数据库文件

  C. 在文件夹中双击数据库文件   D. 以上方法都可以

7. 在修改某个数据库对象的设计之前,一般先创建一个对象副本,这时可以使用对象的(　　)操作来实现。

  A. 重命名   B. 重复创建

  C. 备份   D. 复制

8. 下列(　　)不是"导航窗格"的功能。

  A. 打开数据库文件   B. 打开数据库对象

  C. 删除数据库对象   D. 复制数据库对象

9. 建立 Access 数据库一般需要 5 个步骤,对以下步骤的排序正确的是(　　)。

  ① 确定数据库中的表   ②确定表中的字段

  ③ 确定主关键字   ④分析建立数据库的目的

  ⑤ 确定表之间的关系

  A. ④①②⑤③   B. ④①②③⑤   C. ③④①②⑤   D. ③④①⑤②

10. 在对数据库进行压缩时,(　　)。

  A. 采用压缩算法把文件进行编码,以达到压缩的目的

  B. 把不需要的数据去除,从而使文件变小

  C. 把数据库文件中多余的没有使用的空间还给系统

  D. 把很少用的数据存到其他地方

11. 拆分后的数据库后端文件的扩展名是(　　)。

  A. .accdb   B. .accdc   C. .accde   D. .accdr

12. 关于数据库的安全性,下列说法错误的是(　　)。

  A. 给数据库设置密码的目的是防止非法用户对数据库中的数据进行修改或窃取

  B. 可以通过数据库文件格式的转换来防止用户对表中数据的修改

  C. 使用"独占方式打开数据库"可以防止网络上的多个用户同时操作该数据库

  D. 如果要撤销数据库的密码,必须使用"独占方式打开数据库"

13. 设置密码以后,需要在(　　)输入密码。

  A. 打开表时   B. 关闭数据库时

  C. 打开数据库时   D. 修改数据库的内容时

14. 信任中心中的受信任位置是指(　　)。

  A. 计算机上用来存放来自可靠来源的受信任文件的文件夹

  B. 可以存放个人信息的文件夹

  C. 可以存放隐私信息的数据库区域

  D. 数据库中可以存放和查看受保护信息的表

15. 当将数据库放在受信任位置时,所有的 VBA 代码、宏和安全表达式都会在(　　)运行。

A. 数据库打开时   B. 数据库关闭时
C. 数据表打开时   D. 数据表关闭时

二、填空题

1. 空数据库是指该文件中_____。

2. 在 Access 2010 主窗口中,从_____选项卡中选择"打开"命令可以打开一个数据库文件。

3. 在对数据库进行操作之前应先_____数据库,在操作结束后要_____数据库。

4. 打开数据库文件的 4 种方式是共享方式、只读方式、_____方式、_____方式。

5. 对于表对象,Access 2010 提供了_____视图、数据透视表视图、数据透视图视图和_____视图 4 种视图模式。

6. 数据库属性分为 5 类,即_____、摘要、_____、内容和自定义。在 Access 2010 主窗口中单击"文件"选项卡,然后单击右侧的_____链接,可以查看数据库的属性。

7. 若系统日期为 2020 年 1 月 20 日,对"商品信息"数据库进行备份,默认的备份文件名是_____。

8. 数据库的拆分是指将当前数据库拆分为_____和_____。前者包含所有表并存储在文件服务器上,后者包含所有查询、窗体、报表、宏和模块,将分布在用户的工作站中。

9. 在 Access 2010 中如果要对数据库设置密码,必须以_____的方式打开数据库。

三、问答题

1. 在 Access 2010 中建立数据库的方法有哪些?

2. 数据库对象的操作有哪些?简述其操作方法。

3. 什么叫数据库对象的视图?怎样在不同的视图之间进行切换?

4. 简述备份数据库的作用以及备份数据库时要注意的问题。

5. 为什么要压缩和修复数据库?

6. 数据库的拆分有何作用?

7. 怎样对数据库进行加密和解密?

8. 用户有时会发现 Access 数据库文件中没存多少数据,但占用的存储空间较大(例如,数据库只有几条记录,但大小有 20 多兆),如何解决这个问题?

9. 使用受信任位置中的数据库有哪些操作步骤?

参 考 答 案

一、选择题

1. A   2. C   3. A   4. C   5. A   6. D   7. D   8. A
9. B   10. C   11. A   12. B   13. C   14. A   15. A

二、填空题

1. 不含任何数据库对象

2. 文件

3. 打开、关闭

4. 独占、独占只读

5. 数据表、设计

6. 常规、统计、查看和编辑数据库属性

7. 商品信息_2020-01-20.accdb

8. 后端数据库、前端数据库

9. 独占

三、问答题

1. 答：Access 2010 提供了两种创建数据库的方法，一种是先创建一个空数据库，然后向其中添加表、查询、窗体和报表等对象；另一种是利用系统提供的模板来创建数据库，用户只需要进行一些简单的选择操作，就可以为数据库创建相应的表、窗体、查询和报表等对象，从而建立一个完整的数据库。

2. 答：

(1) 打开与关闭数据库对象。当需要打开数据库对象时，可以在导航窗格中选择一种组织方式，然后双击对象将其直接打开，也可以在对象的快捷菜单中选择"打开"命令打开相应的对象。如果打开了多个对象，则这些对象都会出现在选项卡式文档窗口中，只要单击需要的文档选项卡就可以将对象的内容显示出来。

若要关闭数据库对象，可以单击相应对象文档窗口右端的"关闭"按钮，也可以右击相应对象的文档选项卡，在弹出的快捷菜单中选择"关闭"命令。

(2) 添加数据库对象。如果需要在数据库中添加一个表或其他对象，可以采用新建的方法。如果要添加表，还可以采用导入数据的方法创建一个表。即在"表"对象快捷菜单中选择"导入"命令，将数据库表、文本文件、Excel 工作簿和其他有效数据源导入 Access 数据库中。

(3) 复制数据库对象。一般在修改某个对象的设计之前，创建一个副本可以避免因操作失误而造成损失。一旦操作发生差错，可以使用对象副本还原对象。例如，要复制表对象，可以打开数据库，然后在导航窗格的表对象中选中需要复制的表并右击，在弹出的快捷菜单中选择"复制"命令，再次右击，在快捷菜单中选择"粘贴"命令，即生成表的副本。

(4) 数据库对象的其他操作。通过数据库对象快捷菜单还可以对数据库对象进行其他操作，包括重命名和删除数据库对象、查看数据库对象的属性等。注意，在删除数据库对象前必须先将此对象关闭。

3. 答：在创建和使用数据库对象的过程中查看数据库对象的方式称为视图，不同的数据库对象有不同的视图方式。在此以表对象为例，Access 2010 提供了数据表视图、数据透视表视图、数据透视图视图和设计视图 4 种视图模式，其中前 3 种用于表中数据的显示，后一种用于表的设计。

在进行视图切换之前，首先要打开一个数据库对象(如打开一个表)，然后用以下 3 种方法之一进行视图的切换。

(1) 单击"开始"选项卡，然后在"视图"命令组中单击"视图"命令按钮，可以从弹出的下拉菜单中选择不同的视图方式。此外，在相应对象的上下文命令选项卡中也可以找到"视图"命令按钮。

(2) 在选项卡式文档中右击相应对象的名称，然后在弹出的快捷菜单中选择不同的视图方式。

(3) 单击状态栏右侧的视图切换按钮选择不同的视图方式。

4. 答：备份数据库有利于保护数据库，以防止出现系统故障或误操作而丢失数据。在备份数据库时，Access 首先会保存并关闭在设计视图中打开的所有对象，然后使用指定的名称和位置保存数据库文件的副本。

5. 答：在使用数据库文件的过程中经常要对数据库对象进行创建、修改、删除等操作，这时数据库文件中可能包含相应的"碎片"，数据库文件可能会迅速增大，影响其使用性能，有时也可能被损坏。在 Access 2010 中，可以使用"压缩和修复数据库"功能来防止或修复这些问题。

6. 答：所谓数据库的拆分，是将当前数据库拆分为后端数据库和前端数据库。后端数据库包含所有表并存储在文件服务器上。与后端数据库相链接的前端数据库包含所有查询、窗体、报表、宏和模块，前端数据库分布在用户的工作站中。

当需要与网络上的多个用户共享数据库时，如果直接将未拆分的数据库存储在网络共享位置中，则在用户打开查询、窗体、报表、宏和模块时必须通过网络将这些对象发送给使用该数据库的每个用户。如果对数据库进行拆分，每个用户都可以拥有自己的查询、窗体、报表、宏和模块副本，仅有表中的数据才需要通过网络发送。因此，拆分数据库可大大提高数据库的性能，进行数据库的拆分，还能提高数据库的可用性，增强数据库的安全性。

7. 答：首先以独占方式打开数据库文件，然后选择"文件"→"信息"命令，单击"用密码进行加密"按钮，在弹出的"设置数据库密码"对话框中输入数据库密码。

当不需要密码时，可以对数据库进行解密。以独占方式打开加密的数据库，选择"文件"→"信息"命令，单击"解密数据库"按钮，在"撤销数据库密码"对话框中输入设置的密码，然后单击"确定"按钮即可。

8. 答：在 Access 2010 中可以使用"压缩和修复数据库"功能来防止或修复这个问题。如果要在数据库关闭时自动执行压缩和修复操作，可以选择"关闭时压缩"数据库选项。操作方法是打开数据库文件，选择"文件"→"选项"命令，打开"Access 选项"对话框，在该对话框的"当前数据库"选项中选中"关闭时压缩"复选框，然后单击"确定"按钮。这样关闭数据库文件时，系统会自动压缩数据库，以减少数据库的存储空间，提高运行效率。

除了可以使用"关闭时压缩"数据库选项外，还可以使用"压缩和修复数据库"功能。在 Access 2010 主窗口中选择"文件"→"信息"命令，然后单击"压缩和修复数据库"按钮；或单击"数据库工具"选项卡，在"工具"命令组中单击"压缩和修复数据库"命令按钮。

9. 答：使用受信任位置中的数据库有 3 个步骤，即使用信任中心创建受信任位置；将数据库保存或复制到受信任位置；打开并使用数据库。

习题 4　表的创建与管理

一、选择题

1. 在 Access 2010 数据库中，表是由（　　）。
    A. 字段和记录组成的　　　　　　　　　B. 查询和字段组成的
    C. 记录和窗体组成的　　　　　　　　　D. 报表和字段组成的
2. 下面关于 Access 表的叙述中，错误的是（　　）。
    A. 在 Access 表中可以对备注型字段进行"格式"属性设置

B. 若删除表中含有自动编号型字段的一条记录,Access 不会对表中自动编号型字段重新编号

C. 在创建表之间的关系时,应关闭所有打开的表

D. 可在表的设计视图的"说明"列中对字段进行具体的注释

3. 在 Access 中,表的字段(　　)。

   A. 可以按任意顺序排列　　　　　　B. 可以同名

   C. 可以包含多个数据项　　　　　　D. 可以取任意类型的值

4. 一个表中的各条记录(　　)。

   A. 前后顺序不能任意颠倒,一定要按照输入顺序排列

   B. 前后顺序可以任意颠倒,排列顺序不影响数据库中的数据关系

   C. 前后顺序可以任意颠倒,但排列顺序不同,统计处理的结果就可能不同

   D. 前后顺序不能任意颠倒,一定要按照关键字段值的顺序排列

5. Access 数据库中数据表的一个记录、一个字段分别对应二维表的(　　)。

   A. 一行、一列　　　　　　　　　　B. 一列、一行

   C. 若干行、若干列　　　　　　　　D. 若干列、若干行

6. Access 2010 能处理的数据包括(　　)。

   A. 数字　　　　　　　　　　　　　B. 文字

   C. 图片、动画、音频　　　　　　　D. 以上均可以

7. 在 Access 2010 中创建表有多种方法,但不包括(　　)。

   A. 使用模板创建表　　　　　　　　B. 通过输入数据创建表

   C. 使用设计器创建表　　　　　　　D. 使用自动窗体创建表

8. 表设计视图上半部分的表格用于设计表中的字段,表格的每一行均由 4 个部分组成,它们从左到右依次为(　　)。

   A. 字段选定器、字段名称、数据类型、字段大小

   B. 字段选定器、字段名称、数据类型、字段属性

   C. 字段选定器、字段名称、数据类型、字段特性

   D. 字段选定器、字段名称、数据类型、说明区

9. 在表设计器中定义字段的工作包括(　　)。

   A. 确定字段的名称、数据类型、宽度以及小数点的位数

   B. 确定字段的名称、数据类型、大小以及显示的格式

   C. 确定字段的名称、数据类型、相关的说明以及字段的属性

   D. 确定字段的名称、数据类型、属性以及设定主关键字

10. 在"表格工具/设计"选项卡中,"视图"按钮的作用是(　　)。

   A. 用于显示、输入、修改表中的数据

   B. 用于修改表的结构

   C. 可以在不同视图之间进行切换

   D. 可以通过它直接进入设计视图

11. 在定义表结构时不用定义（　　　）。

    A. 字段名　　　　　　B. 数据库名　　　　　　C. 字段类型　　　　　　D. 字段长度

12. Access 2010 表中字段的数据类型不包括（　　　）。

    A. 文本　　　　　　　B. 备注　　　　　　　　C. 通用　　　　　　　　D. 日期/时间

13. 下列字段类型不正确的是（　　　）。

    A. 文本型　　　　　　B. 双精度型　　　　　　C. 主键型　　　　　　　D. 长整型

14. 下面（　　　）中所列出的不全部是 Access 可用的数据类型。

    A. 文本型、备注型、日期/时间型　　　　　　B. 数字型、货币型、整型

    C. 是/否型、OLE 对象、自动编号型　　　　　D. 超链接、查阅向导、附件

15. True/False 数据类型为（　　　）。

    A. 文本类型　　　　　　　　　　　　　　　　B. 是/否类型

    C. 备注类型　　　　　　　　　　　　　　　　D. 数字类型

16. 如果要在"职工"表中建立"简历"字段，其数据类型最好采用（　　　）型。

    A. 文本或备注　　　　　　　　　　　　　　　B. 数字或文本

    C. 日期或字符　　　　　　　　　　　　　　　D. 备注或附件

17. 关于文本数据类型，下列叙述中错误的是（　　　）。

    A. 文本型数据类型最多可保存 255 个字符

    B. 文本型数据所使用的对象为文本或者文本与数字的结合

    C. 文本数据类型在 Access 中的默认字段大小为 50 个字符

    D. 当将一个表中的文本数据类型字段修改为备注数据类型字段时，该字段中原来
       存在的内容完全丢失

18. 关于自动编号数据类型，下面叙述错误的是（　　　）。

    A. 每次向表中添加新记录时，Access 都会自动插入唯一的顺序号

    B. 自动编号数据类型一旦被指定，就会永远地与记录连接在一起

    C. 如果删除了表中含有自动编号字段的一个记录，Access 并不会对自动编号型字
       段进行重新编号

    D. 被删除的自动编号型字段的值会被重新使用

19. 以下关于货币数据类型的叙述中错误的是（　　　）。

    A. 向货币字段输入数据，系统自动将其设置为 4 位小数

    B. 可以和数值型数据混合计算，结果为货币型

    C. 字段大小是 8 字节

    D. 在向货币字段输入数据时，不必输入美元符号和千位分隔符

20. 某数据库的表中要添加一张图片，则该字段采用的数据类型是（　　　）。

    A. OLE 对象型　　　　　　　　　　　　　　　B. 超链接型

    C. 查询向导型　　　　　　　　　　　　　　　D. 自动编号型

21. 如果有一个大小为 2KB 的文本块要存入某一字段中，则该字段的数据类型应
是（　　　）。

    A. 字符型　　　　　　B. 文本型　　　　　　　C. 备注型　　　　　　　D. OLE 对象

22. 如果字段内容为声音文件,则该字段的数据类型应定义为(　　)。

A. 文本　　　　　B. 备注　　　　　C. 超链接　　　　D. OLE 对象

23. 当字段的数据类型是 OLE 对象时,其所嵌入的数据对象的数据存放在(　　)。

A. 数据库中　　　　　　　　　　　B. 外部文件中

C. 最初的文档中　　　　　　　　　D. 以上都是

24. 某数据库的表中要添加 Internet 站点的网址,则该字段的数据类型应是(　　)。

A. OLE 对象型　　　　　　　　　　B. 超链接型

C. 查询向导型　　　　　　　　　　D. 自动编号型

25. 下列关于 Access 表中字段名的说法正确的是(　　)。

A. 字段名长度为 1～255 个字符

B. 字段名可以包含字母、汉字、数字

C. 字段名能包含句号(.)、叹号(!)、方括号([])等

D. 同一个表中的字段名可以相同

26. 在下列叙述中,(　　)是不正确的。

A. 可以直接输入字段名,最长可以达到 256 个字符(128 个汉字)

B. 计算型字段的值是通过计算一个表达式得到的

C. 同一个表中的字段名不能相同

D. 在确定字段名后将光标移到数据类型列,可以直接输入符合要求的数据类型

27. Access 字段名的中间可以包含的字符是(　　)。

A. .　　　　　　B. !　　　　　　C. 空格　　　　　D. []

28. Access 字段名中不能包含的字符是(　　)。

A. @　　　　　　B. !　　　　　　C. %　　　　　D. &

29. 下列符号中符合 Access 字段命名规则的是(　　)。

A. !name!　　　B. %name%　　　C. [name]　　　D. .name.

30. 下列符号中不符合 Access 字段命名规则的是(　　)。

A. [婚否]　　　B. 数据库　　　C. school　　　D. AB_12

31. 下列符号中不符合 Access 字段命名规则的是(　　)。

A. ^_^birthday^_^　　B. 生日　　　C. Jim. jeckson　　D. //注释

32. Access 字段名的最大长度可为(　　)。

A. 31 个汉字　　B. 64 个字符　　C. 128 个字符　　D. 255 个字符

33. 下列关于字段属性的说法中错误的是(　　)。

A. 选择不同的字段类型,窗口下方的"字段属性"选项区域中显示的各种属性的名称是不相同的

B. "必需"字段属性可以用来设置该字段是否一定要输入数据,该属性只有"是"和"否"两种选择

C. 一张数据表最多可以设置一个主键,但可以设置多个索引

D. "允许空字符串"属性可用来设置该字段是否可接收空字符串,该属性只有"是"和"否"两种选择

34. 定义字段的特殊属性不包括的内容是(   )。

    A. 字段名   B. 字段的默认值

    C. 字段掩码   D. 字段的有效规则

35. 可以改变"字段大小"属性的字段类型是(   )。

    A. 备注   B. 文本   C. OLE 对象   D. 日期/时间

36. 在输入记录时,使某个字段不为空的方法是(   )。

    A. 定义该字段为必需字段   B. 定义该字段长度不为 0

    C. 指定默认值   D. 定义输入掩码

37. 下面关于主关键字的说法中错误的是(   )。

    A. Access 并不要求在每个表中都必须包含一个主关键字

    B. 在一个表中只能指定一个字段为主关键字

    C. 在输入数据或对数据进行修改时不能向主关键字的字段中输入相同的值

    D. 利用主关键字可以对记录快速地进行排序和查找

38. 下列有关主键的描述正确的是(   )。

    A. 主键只能由一个字段组成

    B. 主键创建后不能取消

    C. 如果用户没有指定主关键字,则系统会显示出错提示

    D. 主键的值对于每个记录必须是唯一的

39. 关于表的主键,下列说法错误的是(   )。

    A. 不能出现重复值,能出现空值

    B. 主关键字段的值是唯一的

    C. 主关键字可以是一个字段,也可以是一组字段

    D. 不允许有重复值和空值(Null)

40. 在 Access 中,如果没有为新建的表指定主键,当保存新建的表时,系统会(   )。

    A. 自动为表创建主键   B. 提示用户是否创建主键

    C. 让用户设置主键   D. 没有任何提示

41. 在"表格工具/设计"选项卡中,"主键"按钮的作用是(   )。

    A. 用于检索关键字字段

    B. 用于把选定的字段设置为(或取消)关键字

    C. 用于弹出设置关键字的对话框,以便设置关键字

    D. 以上都不对

42. 为了加快对某字段的查找速度,应该(   )。

    A. 防止在该字段中输入重复值   B. 使该字段成为必需字段

    C. 对该字段进行索引   D. 使该字段的数据格式一致

43. 下列关于索引的叙述中错误的是(   )。

    A. 可以为所有的数据类型建立索引

    B. 可以提高对表中记录的查询速度

    C. 可以加快对表中记录的排序速度

    D. 可以基于单个字段或多个字段建立索引

44. 下列可以设置为索引的字段是( )。

    A. 备注   B. 超链接   C. 主关键字   D. OLE 对象

45. 下列不能建立索引的数据类型是( )。

    A. 文本   B. 数值   C. 日期   D. 附件

46. 在对表中的某一字段建立索引时,若其值有重复,可选择( )索引。

    A. 主   B. 有(无重复)   C. 无   D. 有(有重复)

47. 下列关于字段属性的叙述中正确的是( )。

    A. 可以对任意类型的字段设置"默认值"属性

    B. 定义字段默认值的含义是该字段值不允许为空

    C. 只有文本型数据能够使用"输入掩码向导"

    D. "有效性规则"属性只允许定义一个条件表达式

48. 定义字段默认值的作用是( )。

    A. 在未输入数据之前,系统自动提供数值

    B. 不允许字段的值超出某个范围

    C. 不使字段为空

    D. 系统自动把小写字母转换为大写字母

49. 默认值设置是通过( )操作来简化数据的输入。

    A. 清除用户输入数据的所有字段

    B. 用指定的值填充字段

    C. 消除了重复输入数据的必要

    D. 用与前一个字段相同的值填充字段

50. 如果要在输入某日期/时间型字段值时自动插入当前系统日期,应在该字段的默认值属性框中输入表达式( )。

    A. Date()   B. Date[]   C. Time()   D. Time[]

51. 下列叙述中不正确的是( )。

    A. 如果文本字段中已经有数据,那么减小字段大小不会丢失数据

    B. 如果数字字段中包含小数,那么将字段大小设置为整数时,Access 会自动将小数取整

    C. 在为字段设置默认值时,必须与字段所设置的数据类型相匹配

    D. 可以使用表达式来定义默认值

52. 在"学生"表中,如果要使"年龄"字段的取值在 $18\sim35$,则在"有效性规则"属性框中输入的表达式为( )。

    A. $>=18$ And $<=35$ B. $>=18$ Or $<=35$

    C. $>=35$ And $<=18$ D. $>=18$ && $<=35$

53. 若要求日期/时间型的"出生年月"字段只能输入包括 1992 年 1 月 1 日在内的以后的日期,则在该字段的"有效性规则"文本框中应该输入( )。

    A. $<=$#1992-1-1#   B. $>=$1992-1-1

    C. $<=$1992-1-1   D. $>=$#1992-1-1#

54. 在输入数据时,如果希望输入的格式保持一致,并希望检查输入时的错误,可以( )。

    A. 控制字段大小   B. 设置默认值

    C. 定义有效性规则   D. 设置输入掩码

55. 下列关于输入掩码的叙述中错误的是( )。

    A. 在定义字段的输入掩码时,既可以使用输入掩码向导,也可以直接使用字符

    B. 定义字段的输入掩码是为了设置密码

    C. 输入掩码中的字段"0"表示可以选择输入数字 0~9 的一个数

    D. 在直接使用字符定义输入掩码时,可以根据需要将字符组合起来

56. 下列选项中能描述输入掩码"&"字符含义的是( )。

    A. 可以选择输入任何的字符或一个空格

    B. 必须输入任何的字符或一个空格

    C. 必须输入字母或数字

    D. 可以选择输入字母或数字

57. 某文本型字段的值只能为字母,且不允许超过 6 个,该字段的输入掩码属性可定义为( )。

    A. AAAAAA   B. LLLLLL   C. CCCCCC   D. 999999

58. 如果表中有"联系电话"字段,若要确保输入的联系电话值只能为 8 位数字,应将该字段的输入掩码设置为( )。

    A. 00000000   B. 99999999

    C. ########   D. ????????

59. 关于空值(Null),以下叙述中正确的是( )。

    A. 空值等同于空字符串   B. 空值表示字段还没有确定值

    C. 空值等同于数值 0   D. Access 不支持空值

60. 下列关于"输入掩码"的叙述错误的是( )。

    A. 掩码是字段中所有输入数据的模式

    B. Access 只为"文本"和"日期/时间"型字段提供了"输入掩码向导"来设置掩码

    C. 在设置掩码时,可以用一串代码作为预留区制作一个输入掩码

    D. 所有数据类型都可以定义一个输入掩码

61. 生成输入掩码表达式最简单的方法是使用输入掩码向导,不能使用输入掩码向导的两个字段是( )。

    A. 文本型、数字型   B. 备注型、是/否型

    C. 货币型、日期/时间型   D. 文本型、日期/时间型

62. 输入掩码是用户为数据输入定义的格式,用户可以为( )数据设置输入掩码。

    A. 文本型、数字型、是/否型、日期/时间型

    B. 文本型、数字型、货币型、是/否型

    C. 文本型、备注型、货币型、日期/时间型

    D. 文本型、数字型、货币型、日期/时间型

63. 能够使用"输入掩码向导"创建输入掩码的数据类型是( )。

    A. 文本和货币型   B. 数字和文本型

C. 文本和日期/时间型   D. 数字和日期/时间型

64. 下列关于修改表的字段名的叙述中,只有(　　)是正确的。

① 修改字段名可以通过设计视图来进行

② 修改字段名可以通过数据表视图来进行

③ 修改字段名可以通过表向导来进行

     A. ②③   B. ①②   C. ①③   D. ①②③

65. 以下列出的关于修改表的字段名的叙述,全部正确的是(　　)。

① 修改字段名会影响用到这个字段名的查询、报表、窗体等对象

② 修改字段名会影响字段中存放的数据

③ 当字段名被修改后,其他对象对该字段的引用也会自动被修改

     A. ②③   B. ①②   C. ①②③   D. ①③

66. 下列关于在表中修改字段的数据类型的叙述,只有(　　)是正确的。

① 将备注型字段修改为文本型时可能会丢失数据

② 将文本型字段修改为备注型无任何问题

③ 将文本型修改为数字型或货币型时,必须保证该字段中的数据全部都是数字,不能包含其他字符,否则会造成数据的丢失

     A. ②③   B. ①②   C. ①③   D. ①②③

67. 一般情况下,在表中删除字段,(　　)。

     A. 如果存在表间联系,先删除此表间联系

     B. 如果存在引用,先删除其他对象对该字段的引用

     C. 如果存在重要数据,先保存好该字段的重要数据

     D. 全面考虑上述 3 项

68. 在 Access 中,利用"查找和替换"对话框可以查找到满足条件的记录,如果要查找当前字段中所有的第一个字符为"y"、最后一个字符为"w"的数据,下列选项中正确使用通配符的是(　　)。

     A. y[abc]w   B. y * w   C. y?w   D. y♯w

69. 在查找操作中,通配任何单个字母的通配符是(　　)。

     A. ♯   B. !   C. ?   D. []

70. 在查找数据时,设查找内容为"b[!aeu]ll",则可以找到的字符串是(　　)。

     A. bill   B. ball   C. bell   D. bull

71. 若要在一个表的"姓名"字段中查找以 wh 开头的所有姓名,则应在查找内容框中输入的字符串是(　　)。

     A. wh?   B. wh *   C. wh[]   D. wh♯

72. 以下列出的关于修改表的叙述,只有(　　)是正确的。

① 修改表时,对于已建立关系的表,要同时对相互关联表的有关部分进行修改

② 修改表时,必须先将要修改的表打开

③ 在关系表中修改关联字段必须先删除关系,并要同时修改原来相互关联的字段,修改之后再重新建立关系

     A. ①②③   B. ①②   C. ①③   D. ②③

73. 在数据表视图方式下,用户可以进行许多操作,这些操作包括(　　)。

① 对表中的记录进行查找、排序、筛选和打印

② 修改表中记录的数据

③ 更改数据表的显示方式

    A. ①②　　　　　　B. ①③　　　　　　C. ①②③　　　　　D. ②③

74. 在数据表视图方式下修改数据表中的数据时,在数据表的行选定器中会出现某些符号,下面是这些符号的解释,正确的是(　　)。

① 三角形:表示该行为当前操作行

② 星形:表示该行正在输入或修改数据

③ 铅笔形:表示正在该行输入或修改数据

    A. ①②　　　　　　B. ①②③　　　　　C. ②③　　　　　　D. ①③

75. 在数据表视图方式下,下列关于修改数据表中的数据的叙述错误的是(　　)。

    A. 对表中数据的修改包括插入、修改、替换、复制和删除数据等

    B. 将光标移到要修改的字段处,即可输入新的数据

    C. 当光标从被修改字段移到同一记录的其他字段时,对该字段的修改便被保存起来

    D. 在没有保存修改之前,可以按 Esc 键放弃对所在字段的修改

76. 在数据表视图中可以输入、修改记录的数据,修改后的数据(　　)。

    A. 在修改过程中随时存入磁盘

    B. 在退出被修改的表后存入磁盘

    C. 在光标退出被修改的记录后存入磁盘

    D. 在光标退出被修改的字段后存入磁盘

77. 下列在数据表视图方式下用鼠标选中数据表中数据内容的叙述错误的是(　　)。

    A. 要选中一条记录,可单击该记录的记录选定器

    B. 要选中一条记录,可先单击"开始"选项卡,然后在"查找"命令组中单击"选择"→"选择",再单击该记录的任意字段

    C. 选中相邻的多个记录,可单击第一条记录的记录选定器并拖过所有要选中的记录

    D. 选中所有记录,可先单击"开始"选项卡,然后在"查找"命令组中单击"选择"→"全选",或单击表左上角的表选定器

78. 利用 Access 中记录的排序规则,对下列文字进行降序排列后的先后顺序应该是(　　)。

    A. 数据库管理、等级考试、ACCESS、aCCESS

    B. 数据库管理、等级考试、aCCESS、ACCESS

    C. ACCESS、aCCESS、等级考试、数据库管理

    D. aCCESS、ACCESS、等级考试、数据库管理

79. 下列关于表的格式的说法中错误的是(　　)。

    A. 字段在表中的显示顺序是由用户输入的先后顺序决定的

    B. 用户可以同时改变一个或多个字段的位置

C. 在表中可以为一个或多个指定字段中的数据设置字体格式

D. 在 Access 中只可以冻结列,不能冻结行

80. 在已经建立的表中,若在显示表中内容时使某些字段不能移动显示位置,可以使用的方法是( )。

A. 排序 B. 筛选 C. 隐藏 D. 冻结

81. 下列数据类型中能够进行排序的是( )。

A. 备注型 B. 超链接型

C. OLE 对象型 D. 数字型

82. Access 中不能进行排序或索引的数据类型是( )。

A. 文本 B. 备注 C. 数字 D. 自动编号

83. 下列关于数据编辑的说法中正确的是( )。

A. 表中的数据有两种排列方式,一种是升序排列,另一种是降序排列

B. 可以单击"升序"或"降序"按钮为两个不相邻的字段分别设置升序和降序排列

C. "取消筛选"就是删除筛选窗口中所做的筛选条件

D. 在将 Access 表导出到 Excel 数据表时,Excel 将自动应用源表中的字体格式

84. 下面是在数据表视图方式下关于数据排序的叙述,正确的是( )。

① 只能按某一字段内容的升序或降序对记录的顺序重新进行排列

② 可以按某几个(含一个)字段内容的升序或降序对记录的顺序重新进行排列

③ 排序数据分为两个步骤,即先选中排序使用的字段列,然后单击"开始"选项卡中的"升序"或"降序"按钮

A. ①② B. ①③ C. ②③ D. ①②③

85. 在 Access 2010 中对表进行"筛选"操作的结果是( )。

A. 从数据中挑选出满足条件的记录

B. 从数据中挑选出满足条件的记录并生成一个新表

C. 从数据中挑选出满足条件的记录并输出到一个报表中

D. 从数据中挑选出满足条件的记录并显示在一个窗体中

86. 下面不属于 Access 2010 提供的数据筛选方式的是( )。

A. 按选定内容筛选 B. 按内容排除筛选

C. 按数据表视图筛选 D. 高级筛选、排序

87. 在数据表视图下,"按选定内容筛选"操作允许用户( )。

A. 查找所选的值

B. 输入作为筛选条件的值

C. 根据当前选中字段的内容在数据表视图窗口中查看筛选结果

D. 以字母或数字顺序组织数据

88. 数据的筛选可以在表、查询或窗体中进行,用户可以使用 4 种方法筛选记录,即按选定内容筛选、( )、按窗体筛选、高级筛选/排序。

A. 按表筛选 B. 内容排除筛选

C. 按查询筛选 D. 应用筛选

89. 如果要在表中直接显示出所需的记录,例如显示"工资"表中所有姓"李"职工的记录,可以用( )的方法。

    A. 排序   B. 筛选   C. 隐藏   D. 冻结

90. 当要求主表中没有相关记录时不能将记录添加到相关表中,应该在表关系中设置( )。

    A. 参照完整性   B. 有效性规则

    C. 输入掩码   D. 级联更新相关字段

91. 若在两个表之间的关系连线上标记了 1:1 或 1:∞,表示启动了( )。

    A. 实施参照完整性   B. 级联更新相关记录

    C. 级联删除相关记录   D. 不需要启动任何设置

92. 若要在一对多的关联关系中使"一方"的原始记录更改后"多方"自动更改,应启用( )。

    A. 有效性规则   B. 级联删除相关记录

    C. 完整性规则   D. 级联更新相关记录

93. 下列对于表间关系的叙述,正确的是( )。

① 两个表之间设置关系的字段,其名称可以不同,但字段类型、字段内容必须相同

② 表间关系需要两个字段或多个字段来确定

③ 自动编号型字段可以与长整型数字型字段设定关系

    A. ①②   B. ①②③   C. ②③   D. ①③

94. 在建立表间关系时,如果相关字段双方都是主关键字,则这两个表之间的联系是( )。

    A. 1:1   B. 1:n C. $m:n$ D. $n:1$

95. 如果"学生"表和"成绩"表通过各自的"学号"字段建立了一对多的关系,在"一方"的表是( )。

    A. "学生"表   B. "成绩"表   C. 都不是   D. 都是

96. 在以下列出的关于数据库参照完整性的叙述中,( )是正确的。

① 参照完整性是指在设定了表间的关系后,用户不能随意更改用于建立关系的字段

② 参照完整性减少了数据在关系数据库系统中的冗余

③ 在关系数据库中,参照完整性对于维护正确的数据关联是必要的

    A. ②③   B. ①②   C. ①③   D. ①②③

97. 在以下叙述中,( )是正确的。

    A. 关系表中互相关联的字段是无法修改的,如果需要修改,必须先将关联去掉

    B. 两个表之间最简单的关系是一对多的关系

    C. 在两个表之间建立关系的结果是两个表变成了一个表

    D. 在两个表之间建立关系后,只要访问其中的任何一个表就可以得到两个表的信息

98. 在使用导入的方法创建 Access 表时,以下不能导入 Access 2010 数据库中的是( )。

    A. Excel 表格   B. Visual FoxPro 创建的表

    C. Access 数据库中的表   D. Word 文档中的表

99. 链接表和导入表类似,不同的是在链接表之后,表的数据仍然保存在原来保存的地方,而新建的链接表(　　　)。

　　A. 只是链接到这些数据　　　　　　B. 保存在原来保存的地方

　　C. 链接不到这些数据　　　　　　　D. 没有数据

二、填空题

1. 表的设计视图包括两个部分,即字段输入区和＿＿＿＿,前者用于定义＿＿＿＿、字段类型,后者用于设置字段的＿＿＿＿。

2. ＿＿＿＿型是 Access 系统的默认数据类型,＿＿＿＿数据类型可以用于为每个新记录自动生成数字。

3. 备注型字段最多可以存放＿＿＿＿字符。

4. "学生"表中的"助学金"字段,其数据类型可以是数字型或＿＿＿＿。

5. Access 提供了两种字段数据类型来保存文本或文本和数字组合的数据,这两种数据类型是＿＿＿＿和＿＿＿＿。

6. 设置主关键字是在表的＿＿＿＿中完成的。

7. 如果某一字段没有设置显示标题,则系统将＿＿＿＿设置为字段的显示标题。

8. 在输入数据时,如果希望输入的格式保持一致并检查输入时的错误,可以通过设置字段的＿＿＿＿属性来实现。

9. 学生的学号由 9 位数字组成,其中不能包含空格,则为"学号"字段设置的输入掩码是＿＿＿＿。

10. 字段的＿＿＿＿是在给字段输入数据时所设置的限制条件。

11. 对于同一个数据库中的多个表,若想建立表间的关联关系,必须给表中的某个字段建立＿＿＿＿。

12. 如果表中的一个字段不是本表的主关键字,而是另外一个表的主关键字或候选关键字,这个字段称为＿＿＿＿。

13. "教学管理"数据库中有"学生"表、"课程"表和"选课成绩"表,为了有效地反映这 3 个表中数据之间的联系,在创建数据库时应设置＿＿＿＿。

14. 用于建立两表之间关联的两个字段必须具有相同的＿＿＿＿,但＿＿＿＿可以不相同。

15. 给表添加数据的操作是在表的＿＿＿＿中完成的。

16. 在查找数据时,若找不到 ball 和 bell,则输入的查找字符串应是＿＿＿＿;若可以找到 bad、bbd、bcd、…、bfd,则输入的查找字符串应是＿＿＿＿。

17. 要在表中使某些字段不移动显示位置,可用＿＿＿＿字段的方法;要在表中不显示某些字段,可用＿＿＿＿字段的方法。

18. 如果希望两个字段按不同的次序排列或者按两个不相邻的字段排列,需使用＿＿＿＿。

19. 某数据表中有 5 条记录,其中文本型字段"号码"的各记录的内容为 125、98、85、141、119,升序排列后,该字段内容的先后顺序表示为＿＿＿＿。

20. 从某个外部数据源获取数据来创建 Access 表称为数据的＿＿＿＿,将表中的数据输出到其他格式的文件中称为数据的＿＿＿＿。这种操作可以实现 Access 与其他应用的数据＿＿＿＿。

三、问答题

1. 文本型字段和备注型字段有什么区别？OLE 对象型字段和附件型字段有什么区别？

2. 在 Access 2010 中创建表的方法有哪些？

3. "学生"表的"性别"字段在表中定义为什么类型？是否只能定义为文本型？

4. 如何修改自动编号？为什么自动编号字段会不连续？

5. 表间关系的作用是什么？

6. 在创建关系时应该遵循哪些原则？

7. 在表关系中，"参照完整性"的作用是什么？"级联更新相关字段"和"级联删除相关字段"各起什么作用？

8. 举例说明字段的有效性规则属性和有效性文本属性的意义和使用方法。

9. 记录的排序和筛选各有什么作用？如何取消对记录的筛选/排序？

10. 导入数据和链接数据有什么联系和区别？

11. 表中的汇总行有何作用？

四、应用题

"订货管理"数据库中有 4 个表：

仓库(仓库号,城市,面积)

职工(仓库号,职工号,工资)

订购单(职工号,供应商号,订购单号,订购日期)

供应商(供应商号,供应商名,地址)

各个表的记录实例分别如表 2-1～表 2-4 所示。

表 2-1 "仓库"表

仓库号	城市	面积
WH1	北京	370
WH2	上海	500
WH3	广州	200
WH4	武汉	400

表 2-2 "职工"表

仓库号	职工号	工资
WH2	E1	1820
WH1	E3	1810
WH2	E4	1850
WH3	E6	1830
WH1	E7	1850

表 2-3 "订购单"表

职工号	供应商号	订购单号	订购日期
E3	S7	OR67	2019-06-23
E1	S4	OR73	2020-01-18

续表

职工号	供应商号	订购单号	订购日期
E7	S4	OR76	2019-05-25
E6	Null	OR77	Null
E3	S4	OR79	2020-03-13
E1	Null	OR80	Null
E3	Null	OR90	Null

注：Null 是空值，这里的意思是还没有确定供应商，自然也就没有确定订购日期。

表 2-4 "供应商"表

供应商号	供应商名	地址
S3	振华电子厂	西安
S4	华通电子公司	北京
S6	607 厂	郑州
S7	爱华电子厂	北京

完成下列操作：

(1) 创建订货数据库。

(2) 在数据库中创建所有的表，并输入记录数据。

(3) 创建表间关系，并设置表的参照完整性。

参 考 答 案

一、选择题

1. A 2. A 3. A 4. B 5. A 6. D 7. D 8. D
9. C 10. C 11. B 12. C 13. C 14. B 15. B 16. D
17. D 18. D 19. A 20. A 21. C 22. D 23. A 24. B
25. B 26. A 27. C 28. B 29. B 30. A 31. C 32. B
33. C 34. A 35. B 36. A 37. B 38. D 39. D 40. B
41. B 42. C 43. A 44. C 45. D 46. D 47. D 48. A
49. B 50. A 51. A 52. A 53. D 54. C 55. B 56. B
57. B 58. A 59. B 60. D 61. B 62. D 63. C 64. B
65. D 66. D 67. D 68. B 69. B 70. A 71. B 72. A
73. C 74. D 75. C 76. C 77. B 78. A 79. C 80. D
81. D 82. B 83. A 84. C 85. A 86. C 87. C 88. B
89. B 90. A 91. A 92. D 93. B 94. A 95. A 96. C
97. A 98. D 99. A

二、填空题

1. 字段属性区、字段名、属性

2. 文本、自动编号

3. 64KB

4. 货币型

5. 文本型、备注型

6. 设计视图

7. 字段名称

8. 输入掩码

9. 000000000

10. 有效性规则

11. 主键或索引

12. 外部关键字或外键

13. 表之间的关系

14. 数据类型、字段名称

15. 数据表视图

16. b[!ae]11、b[a-f]d

17. 冻结、隐藏

18. 高级筛选/排序

19. 119、125、141、85、98

20. 导入、导出、共享

三、问答题

1. **答**：文本型字段可以保存字符数据，也可以是不需要计算的数字。设置"字段大小"属性可控制文本型字段能输入的最大字符个数，最多为 255 个字符（字节），但一般输入时，系统只保存输入字段中的字符。如果取值的字符个数超过了 255，可使用备注型。

备注型字段可保存较长的文本，允许存储的最多字符个数为 65 536。在备注型字段中可以搜索文本，但搜索速度比在有索引的文本字段中慢。另外，不能对备注型字段进行排序和索引。

OLE 对象型是指字段允许单独地链接或嵌入 OLE 对象。在添加数据到 OLE 对象型字段时，Access 给出几种选择，即插入（嵌入）新对象、插入某个已存在的文件内容或链接到某个已存在的文件。每个嵌入对象都存放在数据库中，而每个链接对象只存放于最初的文件中。可以链接或嵌入表中的 OLE 对象是指在其他使用 OLE 协议的程序中创建的对象。OLE 对象字段最大可为 1GB，它受磁盘空间的限制。

使用附件型字段可以将整个文件嵌入数据库中，这是将图片、文档、其他文件和与之相关的记录存储在一起的重要方式，但附件限制数据库的大小最大为 2GB。使用附件可以将多个文件存储在单个字段之中，甚至可以将多种类型的文件存储在单个字段之中。

2. **答**：在 Access 2010 中创建表的方法有以下 4 种。

(1) 使用设计视图创建表，这是一种常见的方法。打开数据库文件，单击"创建"选项卡，在"表格"命令组中单击"表设计"命令按钮，打开表的设计视图，然后在设计视图中定义字段和字段属性。

(2) 使用数据表视图创建表。在数据表视图中可以新创建一个空表，并可以直接在新表中进行字段的添加、删除和编辑。打开"教学管理"数据库，单击"创建"选项卡，然后在"表格"命令组中单击"表"命令按钮，进入数据表视图，在数据表视图中定义字段和字段属性，但不能定义主键。

（3）使用表模板创建表。用户可以使用 Access 2010 内置的一些主题的表模板创建表，利用表模板创建表比用手动方式更方便、快捷。新建一个空数据库，单击"创建"选项卡，然后在"模板"命令组中单击"应用程序部件"命令按钮，打开表模板列表，单击其中的一个模板，则基于该表模板创建的表就被插入当前数据库中。

（4）使用字段模板创建表。Access 2010 提供了一种新的创建表的方法，即通过 Access 自带的字段模板创建表。在模板中已经设计好了各种字段属性，用户可以直接使用该字段模板中的字段。打开数据库，单击"创建"选项卡，然后在"表格"命令组中单击"表"命令按钮，进入数据表视图。接着单击"表格工具/字段"选项卡，在"添加和删除"命令组中单击"其他字段"按钮右侧的下拉按钮，将出现要建立的字段类型菜单，单击需要的字段类型，并在表中输入字段名即可。

3. **答**：字段类型应根据字段取值的特点定义并以方便数据操作为前提，但在定义字段类型时也比较灵活。"学生"表的"性别"字段可以定义为数字型，约定分别使用 0 和 1 来表示"男"和"女"，其优点是检索快，但显示结果不直观，需要将 0 转换成"男"，将 1 转换成"女"。当然，也可以定义为文本型，直接存储"男"和"女"，优点是显示直观，但检索速度不及数字型。另外，还可以定义为是/否型，使用"真""假"来设定"男""女"，优点是检索快，但显示不直观。

4. **答**：自动编号由系统自动生成，不能通过输入修改自动编号字段的值。每当向表中添加一条新记录，都会由 Access 指定一个唯一的顺序号或随机数，在用户删除记录后，Access 会把原来的最大记录号加 1 或选随机号作为新值，所以会出现编号不连续的情况。

5. **答**：表间关系的主要作用是将两个或多个表联结成一个有机整体，使多个表中的字段协调一致，获取更全面的数据信息。

6. **答**：如果仅有一个相关字段是主键或具有唯一索引，则创建一对多关系；如果两个相关字段都是主键或唯一索引，则创建一对一关系；多对多关系实际上是某两个表与第 3 个表的两个一对多关系，第 3 个表的主键包含两个字段，分别是前两个表的外键。

7. **答**："参照完整性"的作用是限制两个表之间的数据，使两个表之间的数据符合一定的要求。"级联更新相关字段"的作用是当修改主表中的某条记录的值时从表中相应记录的值自动发生相应的变化。"级联删除相关字段"的作用是当删除主表中的某条记录时从表中的相应记录自动删除。

8. **答**：可通过有效性规则属性来定义对某字段的约束，通过有效性文本定义对该字段编辑时违反了所定义的约束应给出的提示信息。例如，对于"工龄"字段，可定义有效性规则为大于 1 并且小于 60，有效性文本为"输入数据有误，请重新输入"。

9. **答**：排序的作用是对表中的记录按所需字段值的顺序显示；筛选的作用是挑选表中的记录。通过单击"开始"选项卡，在"排序和筛选"命令组中单击"取消排序"或"切换筛选"命令按钮可以取消对记录的排序或筛选。

10. **答**：导入数据是将数据复制到数据库中，源数据变化不影响数据库中的数据。链接数据是将数据链接到数据库中，源数据变化将影响数据库中的数据，并保持一致。

11. **答**：Access 2010 在表的数据表视图中提供了汇总行，在该行中可以对表中的行进行汇总统计，包括显示各行中的最大值、最小值、合计、计数、平均值、标准偏差和方差等。

用数据表视图打开表,单击"开始"选项卡,在"记录"命令组中单击"合计"命令按钮,这时在表的最后一条记录下会添加一个汇总行。在汇总行中选择数值型数据字段列,在汇总函数列表中选择函数名实现统计计算。

如果暂时不需要显示汇总行,可以在数据表视图中打开表,单击"开始"选项卡,在"记录"命令组中单击"合计"命令按钮,将隐藏汇总行。

四、应用题

答:操作步骤如下。

(1) 启动 Access 2010,选择"文件"→"新建"命令,在"可用模板"区域中单击"空数据库"按钮,然后在右侧窗格的"空数据库"的"文件名"框中输入数据库文件名"订货管理",并单击 📁 按钮设置数据库的存放位置,再单击"创建"按钮,将创建新的数据库,并且在数据表视图中打开一个新表。

(2) 在"订货管理"数据库主窗口中单击"创建"选项卡,然后在"表格"命令组中单击"表设计"命令按钮,打开表的设计视图,分别设置各表的字段名称、数据类型、说明以及字段属性,并输入表中的数据、设置表的主键,将表保存。

(3) 单击"数据库工具"选项卡,然后在"关系"命令组中单击"关系"命令按钮,打开"关系"窗口,在"关系工具/设计"选项卡的"关系"命令组中单击"显示表"命令按钮,弹出"显示表"对话框,将各表添加到"关系"窗口中,并关闭"显示表"对话框,接下来在"编辑关系"对话框中建立表间的关系并设置参照完整性。

习题 5　查询的创建与操作

一、选择题

1. 下面对于查询的叙述正确的是(　　)。

　　A. 在查询中,选择查询可以只选择表中的部分字段,通过选择一个表中的不同字段生成同一个表

　　B. 在查询中,编辑记录主要包括添加记录、修改记录、删除记录和导入、导出记录

　　C. 在查询中,查询不仅可以找到满足条件的记录,而且可以在建立查询的过程中进行各种统计计算

　　D. 可以根据表创建查询,但不能根据已建查询创建查询

2. 在 Access 中,查询的数据源可以是(　　)。

　　A. 表　　　　　　　　　　　　　　　　B. 查询

　　C. 表和查询　　　　　　　　　　　　　D. 表、查询和报表

3. Access 查询的结果总是和数据源中的数据保持(　　)。

　　A. 不一致　　　　B. 同步　　　　　C. 无关　　　　　D. 不同步

4. 在查询设计视图中(　　)。

　　A. 可以添加表,也可以添加查询　　　　B. 只能添加表

　　C. 只能添加查询　　　　　　　　　　　D. 表和查询都不能添加

5. 下列不属于查询视图的是(　　)。

　　A. 设计视图　　　B. 模板视图　　　C. 数据表视图　　　D. SQL 视图

6. 在 Access 查询条件中,日期值要用( )括起来。

    A. %   B. \$ C. #   D. &

7. 表中有一个"工作时间"字段,则查找 15 天前参加工作的记录的条件是( )。

    A. =Date()−15   B. <Date()−15

    C. >Date()−15   D. <>Date()−15

8. 查询"学生"表中"出生日期"在 6 月份的学生记录的条件是( )。

    A. Date([出生日期])=6   B. Month([出生日期])=6

    C. Mon([出生日期])=6   D. Month([出生日期])="06"

9. 若用"学生"表中的"出生日期"字段计算每个学生的年龄(取整),那么下面计算公式正确的是( )。

    A. Year(Date())−Year([出生日期])   B. (Date()−[出生日期])/365

    C. Date()−[出生日期]/365   D. Year([出生日期])/365

10. 查询"学生"表中"姓名"不为空值的记录条件是( )。

    A. [姓名]="*"   B. Is Not Null

    C. [姓名]<>Null   D. [姓名]<>""

11. 在"课程"表中要查找课程名称中包含"计算机"的课程,对应"课程名称"字段的正确条件表达式是( )。

    A. "计算机"   B. "*计算机*"

    C. Like "*计算机*"   D. Like "计算机"

12. 如果在"学生"表中查找姓"李"学生的记录,则查询条件是( )。

    A. Not "李*"   B. Like "李"   C. Like "李*"   D. "李××"

13. 如果想显示"电话号码"字段中以"8"开头的所有记录("电话号码"字段的数据类型为文本型),在条件行输入( )。

    A. Like "8*"   B. Like "8?"   C. Like "8#"   D. Like 8*

14. 如果要查询字段中所有第 1 个字符为"a"、第 2 个字符不为"a,b,c"、第 3 个字符为"b"的数据,下列选项中正确使用通配符的是( )。

    A. Like "a[*abc]b"   B. Like "a[!abc]b"

    C. Like "a[#abc]b"   D. Like "[aabc]b"

15. 特殊运算符 In 的含义是( )。

    A. 用于指定一个字段值的范围,指定的范围之间用 And 连接

    B. 用于指定一个字段值的列表,列表中的任何一个值都可以与查询的字段相匹配

    C. 用于指定一个字段为空

    D. 用于指定一个字段为非空

16. 在一个表中查找"姓名"为"张三"或"李四"的记录,其查询条件是( )。

    A. In("张三","李四")   B. Like "张三" And Like "李四"

    C. Like ("张三","李四")   D. "张三" And "李四"

17. Access 数据库中的查询有很多种,其中最常用的查询是( )。

    A. 选择查询   B. 交叉表查询

    C. 操作查询   D. SQL 查询

18. 在查询设计视图中,通过设置( )行可以让某个字段只用于设定条件,而不出现在查询结果中。

    A. 排序   B. 显示   C. 字段   D. 条件

19. 若统计"学生"表中各专业学生的人数,应在查询设计视图中将"学号"字段的"总计"单元格设置为( )。

    A. Sum   B. Count   C. Where   D. Total

20. 在查询中,默认的字段显示顺序是( )。

    A. 表中的字段顺序   B. 建立查询时字段添加的顺序

    C. 按照字母顺序   D. 按照文字的笔画顺序

21. 设置排序可以将查询结果按一定的顺序排列,以便于查阅。如果所有的字段都设置了排序,那么查询的结果将先按( )的排序字段进行排序。

    A. 最左边   B. 最右边   C. 最中间   D. 随机

22. 在使用向导创建交叉表查询时,需要指定 3 种字段,分别是( )。

    A. 查询标题、行标题和列标题   B. 计算字段、查询字段和条件字段

    C. 显示字段、条件字段和查询标题   D. 行标题、列标题和计算字段

23. 在数据库中已经建立了"工资"表,表中包括"职工号""所在单位""基本工资""应发工资"等字段,如果要按单位统计应发工资的总数,那么应在查询设计视图中的"所在单位"的"总计"行和"应发工资"的"总计"行中分别选择( )。

    A. Sum、GROUP BY   B. Count、GROUP BY

    C. GROUP BY、Sum   D. GROUP BY、Count

24. 在查询设计视图中,如果要使表中所有记录的"价格"字段的值增加 10%,应使用表达式( )。

    A. [价格]+10%   B. [价格]*10/100

    C. [价格]*(1+10/100)   D. [价格]*(1+10%)

25. "教师"表的查询设计视图如图 2-8 所示,则查询结果是( )。

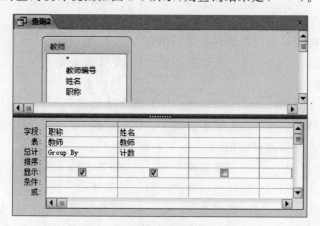

图 2-8 "教师"表的查询设计视图

A. 显示教师的职称、姓名和同名教师的人数

B. 显示教师的职称、姓名和同样职称的人数

C. 按职称的顺序分组显示教师的姓名

D. 按职称统计各类职称的教师人数

26. 若查询的设计视图如图 2-9 所示,则查询的功能是( )。

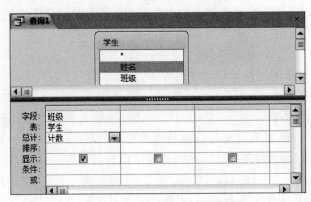

图 2-9　一个查询的设计视图

A. 设计尚未完成,无法进行统计

B. 统计班级信息仅含 Null(空)值的记录个数

C. 统计班级信息不包括 Null(空)值的记录个数

D. 统计班级信息包括 Null(空)值的全部记录个数

27. 下面关于使用"交叉表查询向导"创建交叉表的数据源的描述中,正确的是( )。

A. 创建交叉表的数据源可以来自于多个表或查询

B. 创建交叉表的数据源只能来自于一个表和一个查询

C. 创建交叉表的数据源只能来自于一个表或一个查询

D. 创建交叉表的数据源可以来自于多个表

28. 对于参数查询,输入参数可以设置在设计视图的设计网格的( )中。

A. "字段"行　　　　　　　　　　B. "显示"行

C. "或"行　　　　　　　　　　　D. "条件"行

29. 如果希望根据某个可以临时变化的值查找记录,则最好使用( )查询。

A. 选择查询　　　　　　　　　　B. 交叉表查询

C. 参数查询　　　　　　　　　　D. 操作查询

30. 在 Access 查询中,( )能够减少源数据表的数据。

A. 选择查询　　　B. 生成表查询　　　C. 追加查询　　　D. 删除查询

31. 以下不属于操作查询的是( )。

A. 交叉表查询　　　B. 更新查询　　　C. 删除查询　　　D. 生成表查询

32. 在 Access 中,删除查询操作中被删除的记录属于( )。

A. 逻辑删除　　　B. 物理删除　　　C. 可恢复删除　　　D. 临时删除

33. 将计算机系中 2000 年以前参加工作的教师的职称改为"副教授",合适的查询为( )。

A. 生成表查询　　　B. 更新查询　　　C. 删除查询　　　D. 追加查询

34. 将表 A 的记录添加到表 B 中,要求保持表 B 中原有的记录,可以使用的查询是(   )。

    A. 选择查询   B. 生成表查询   C. 追加查询   D. 更新查询

35. 如果要从"成绩"表中删除"考分"低于 60 分的记录,应该使用的查询是(   )。

    A. 参数查询   B. 操作查询   C. 选择查询   D. 交叉表查询

36. 操作查询可以用于(   )。

    A. 改变已有表中的数据或产生新表   B. 对一组记录进行计算并显示结果

    C. 从一个以上的表中查找记录   D. 以类似于电子表格的格式汇总数据

37. 创建追加表查询的数据来源是(   )。

    A. 一个表   B. 多个表   C. 没有限制   D. 两个表

二、填空题

1. 选择查询的最终结果是创建一个新的_____,而这一结果又可作为其他数据库对象的_____。

2. 查询结果的记录集事先并不存在,而是从创建查询时所提供的_____中创建。

3. 若要查找最近 20 天之内参加工作的职工的记录,查询条件为_____。

4. 假定"教师"表中有"工作日期"字段,要查找去年参加工作的教师的记录,查询条件为_____。

5. 查询"教师"表中"职称"为"教授"或"副教授"的记录的条件为_____。

6. Access 2010 中的 5 种查询分别是 _____、_____、_____、_____和_____。

7. 操作查询共有 4 种类型,分别是 _____、_____、_____和_____。

8. 创建交叉表查询,必须对行标题和行标题进行_____操作。

9. 查询设计视图窗口分为上、下两个部分,上半部分为_____,下半部分为_____。

10. 使用查询设计视图中的_____行可以对查询中的所有记录或记录组计算一个或多个字段的统计值。

11. 设计查询时,设置在同一行的条件之间是_____的关系,设置在不同行的条件之间是_____的关系。

12. 在对"成绩"表的查询中,若设置显示的排序字段是"学号"和"课程编号",则查询结果先按_____排列,_____相同时再按_____排列。

13. 如果要求通过输入"学号"查询学生的基本信息,可以采用_____查询。如果在"教师"表中按"年龄"生成"青年教师"表,可以采用_____查询。

三、问答题

1. 查询有几种类型?创建查询的方法有几种?

2. 查询和表有什么区别?查询和筛选有什么区别?

3. 为什么说查询的数据是动态的数据集合?

4. 查询对象中的数据存放在哪里?

5. 查询对象中的数据源有哪些?

6. 简述在查询中进行计算的方法。

参考答案

一、选择题

1. C　　2. C　　3. B　　4. A　　5. B　　6. C　　7. B　　8. B

9. A　　10. B　　11. C　　12. C　　13. A　　14. B　　15. B　　16. A

17. A　　18. B　　19. B　　20. B　　21. A　　22. D　　23. C　　24. C

25. D　　26. C　　27. C　　28. D　　29. C　　30. D　　31. A　　32. B

33. B　　34. C　　35. B　　36. A　　37. C

二、填空题

1. 数据集或记录集、数据来源或记录源

2. 表或查询

3. Between Date()－20 And Date() 或 Between Now()－20 And Now() 或 ＞＝Date()－20 And ＜＝Date() 或 ＞＝Now()－20 And ＜＝Now()

4. Year(Date())－Year([工作日期])＝1

5. "教授" Or "副教授"或 In("教授","副教授")或 InStr([职称],"教授")＞0

6. 选择查询、参数查询、交叉表查询、操作查询、SQL 查询

7. 生成表查询、删除查询、更新查询、追加查询

8. 分组

9. 字段列表区、设计网格

10. 总计

11. 与、或

12. 学号、学号、课程编号

13. 参数、生成表

三、问答题

1. 答：在 Access 中,根据对数据源操作方式和操作结果的不同可以把查询分为 5 种类型,分别是选择查询、交叉表查询、参数查询、操作查询和 SQL 查询。

创建查询有 3 种方法,即使用查询向导、使用查询设计视图、使用 SQL 查询语句。

2. 答：查询是根据给定的条件从数据库的一个或多个表中找出符合条件的记录,但一个 Access 查询不是数据记录的集合,而是操作命令的集合。创建查询后,保存的是查询的操作,只有在运行查询时才会从查询数据源中抽取数据,并创建动态的记录集合,只要关闭查询,查询的动态数据集就会自动消失。所以,可以将查询的运行结果看作是一个临时表,称为动态的数据集。它形式上很像一个表,但实质上是完全不同的,这个临时表并没有存储在数据库中。

筛选是对表的一种操作,从表中挑选出满足某种条件的记录称为筛选,经过筛选后的表只显示满足条件的记录,而那些不满足条件的记录将被隐藏起来。查询是一组操作命令的集合,查询在运行后会生成一个临时表。

3. 答：因为查询不是一个真正存在的数据表,只在运行查询时数据才出现。查询对象在运行时从提供数据的表或者查询中提取字段和数据,并在数据表视图中将相关的数据记录显示出来,所以说查询的数据是动态的数据集合。查询实质上只是一个链接数据字段的结构框架,查询中的数据是由于链接关系而临时出现在数据表视图中的,它们会随着链接的

相关表中数据的更新而更新,所以说查询的数据是动态的。

4. **答**:查询对象中的数据存放在查询指定的表对象中,查询对象只是将查找到的数据临时在数据表视图中显示出来,并不真正地存储这些查询到的数据。在 Access 数据库中存放数据的对象只是表对象。

5. **答**:查询的数据源可以是一个或多个表,也可以是一个或多个查询。

6. **答**:在查询时可以利用设计视图中设计网格区的"总计"行进行各种统计,还可以通过创建计算字段进行任意类型的计算。在 Access 查询中可以执行两种类型的计算,即预定义计算和自定义计算。

预定义计算是系统提供的用于对查询结果中的记录组或全部记录进行的计算。单击"查询工具/设计"选项卡,然后在"显示/隐藏"命令组中单击"汇总"命令按钮,可以在设计网格中显示出"总计"行。对于设计网格中的每个字段,都可以在"总计"行中选择所需的选项对查询中的所有记录、一条或多条记录进行计算。

自定义计算是指直接在设计网格区的空字段行中输入表达式,从而创建一个新的计算字段,并以所输入表达式的值作为新字段的值。

习题 6   SQL 查询的操作

一、选择题

1. SQL 的含义是( )。

    A. 结构化查询语言   B. 数据定义语言

    C. 数据库查询语言   D. 数据库操纵与控制语言

2. 可以直接将命令发送到 ODBC 数据,它使用服务器能接收的命令,利用它可以检索或更改记录的查询是( )。

    A. 联合查询   B. 传递查询

    C. 数据定义查询   D. 子查询

3. SQL 语句不能创建的是( )。

    A. 报表   B. 操作查询

    C. 数据定义查询   D. 选择查询

4. Access 的 SQL 语句不能实现的是( )。

    A. 修改字段名   B. 修改字段类型

    C. 修改字段长度   D. 删除字段

5. 在 SQL 语句中,检索要去掉重复的所有元组,则在 SELECT 中使用( )。

    A. ALL   B. UNION   C. LIKE   D. DISTINCT

6. 在 SELECT 语句中需要显示的内容使用" * ",表示( )。

    A. 选择任何属性   B. 选择所有属性

    C. 选择所有元组   D. 选择主键

7. 在 SELECT 语句中使用 GROUP BY NO 时,NO 必须( )。

    A. 在 WHERE 子句中出现   B. 在 FROM 子句出现

    C. 在 SELECT 子句中出现   D. 在 HAVING 子句中出现

8. 在 SQL 的 SELECT 语句中,用于实现选择运算的子句是(　　　)。

    A. FROM　　　　　　B. GROUP BY　　　C. ORDER BY　　　　D. WHERE

9. 在 SQL 查询语句中,用来指定对选定的字段进行排序的子句是(　　　)。

    A. ORDER BY　　　　B. FROM　　　　　　C. WHERE　　　　　D. HAVING

10. 在使用 SELECT 语句进行分组检索时,为了去掉不满足条件的分组,应当(　　　)。

    A. 使用 WHERE 子句

    B. 在 GROUP BY 后面使用 HAVING 子句

    C. 先使用 WHERE 子句,再使用 HAVING 子句

    D. 先使用 HAVING 子句,再使用 WHERE 子句

11. 在 SQL 语句中,与表达式"仓库号 Not In("wh1","wh2")"功能相同的表达式是(　　　)。

    A. 仓库号="wh1" And 仓库号="wh2"

    B. 仓库号<>"wh1" Or 仓库号<>"wh2"

    C. 仓库号<>"wh1" Or 仓库号="wh2"

    D. 仓库号<>"wh1" And 仓库号<>"wh2"

12. 在 SQL 语句中,查找"姓名"字段为两个字的全部记录,查询条件是(　　　)。

    A. Len([姓名])=4　　　　　　　　B. Len([姓名])=2

    C. Like ??　　　　　　　　　　　　D. Like " ** "

13. 假设"职工"表中有 10 条记录,获得"职工"表最前面两条记录的命令为(　　　)。

    A. SELECT 2 * FROM 职工　　　　　B. SELECT Top 2 * FROM 职工

    C. SELECT Percent 2 * FROM 职工　　D. SELECT Percent 20 * FROM 职工

14. 在 Access 中已经建立了"学生"表,表中有"学号""姓名""性别""入学成绩"等字段,执行如下 SQL 命令:

SELECT 性别, Avg(入学成绩) FROM 学生 GROUP BY 性别

其结果是(　　　)。

    A. 计算并显示所有学生的性别和入学成绩的平均值

    B. 按性别分组计算并显示性别和入学成绩的平均值

    C. 计算并显示所有学生的入学成绩的平均值

    D. 按性别分组计算并显示所有学生的入学成绩的平均值

15. 与下列查询语句功能相同的语句是(　　　)。

SELECT * FROM Member WHERE InStr([简历], "篮球")>0

    A. SELECT * FROM Member WHERE 简历 Like"篮球"

    B. SELECT * FROM Member WHERE 简历 Like" * 篮球"

    C. SELECT * FROM Member WHERE Member.简历 Like" * 篮球 * "

    D. SELECT * FROM Member WHERE Member.简历 Like"篮球 * "

16. 有以下 SQL 查询语句:

SELECT * FROM stock WHERE 单价 Between 12.76 And 15.20

与该语句等价的是(　　)。

　　A. SELECT ＊ FROM stock WHERE 单价≤15.20 And 单价≥12.76

　　B. SELECT ＊ FROM stock WHERE 单价<15.20 And 单价>12.76

　　C. SELECT ＊ FROM stock WHERE 单价≥15.20 And 单价≤12.76

　　D. SELECT ＊ FROM stock WHERE 单价>15.20 And 单价<12.76

17. 已知"借阅"表中有"借阅编号""学号""借阅图书编号"等字段,每名学生每借阅一本书生成一条记录,要求按学生的学号统计出每名学生的借阅次数,在下列 SQL 语句中正确的是(　　)。

　　A. SELECT 学号,Count(学号) FROM 借阅

　　B. SELECT 学号,Count(学号) FROM 借阅 GROUP BY 学号

　　C. SELECT 学号,Sum(学号) FROM 借阅 GROUP BY 学号

　　D. SELECT 学号,Sum(学号) FROM 借阅 ORDER BY 学号

18. 有"商品"表如表 2-5 所示。

表 2-5 "商品"表

部门号	商品号	商品名称	单价	数量	产地
4	G11	A 牌电风扇	150	10	广东
4	G14	A 牌微波炉	1200	15	上海
2	G15	C 牌打印机	2100	30	北京
4	G22	A 牌电视机	4500	4	上海
3	G141	B 牌电冰箱	3500	12	广东
3	G24	C 牌电冰箱	2100	21	上海

执行 SQL 命令:

SELECT 部门号,Max(单价 ＊ 数量) FROM 商品表 GROUP BY 部门号

查询结果的记录数是(　　)。

　　A. 1　　　　　　　B. 3　　　　　　　C. 4　　　　　　　D. 10

19. 若要将"产品"表中所有供货商是"ABC"的产品的单价下调 50,则正确的 SQL 语句是(　　)。

　　A. UPDATE 产品 SET 单价＝50 WHERE 供货商＝"ABC"

　　B. UPDATE 产品 SET 单价＝单价－50 WHERE 供货商＝"ABC"

　　C. UPDATE FROM 产品 SET 单价＝50 WHERE 供货商＝"ABC"

　　D. UPDATE FROM 产品 SET 单价＝单价－50 WHERE 供货商＝"ABC"

20. 下列 SQL 查询语句中,与图 2-10 所示的查询结果等价的是(　　)。

　　A. SELECT 姓名,性别 FROM 学生 WHERE Left([姓名],1)="张" Or 性别="男"

　　B. SELECT 姓名,性别 FROM 学生 WHERE Left([姓名],1)="张" And 性别="男")

　　C. SELECT 姓名,性别,Left([姓名],1) FROM 学生 WHERE Left([姓名],1)="张" Or 性别="男"

　　D. SELECT 姓名,性别,Left([姓名],1) FROM 学生 WHERE Left([姓名],1)="张" And 性别="男"

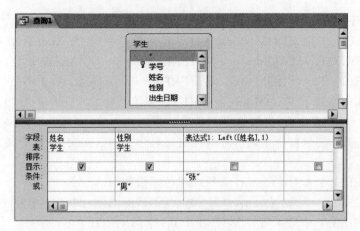

图 2-10　查询设计视图

21. 下列 SQL 查询语句中,与图 2-11 查询设计视图所示的查询结果等价的是(　　)。

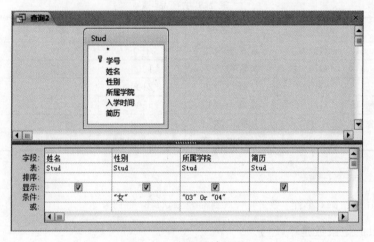

图 2-11　查询设计视图

  A. SELECT 姓名,性别,所属学院,简历 FROM Stud WHERE 性别="女" And
   所属学院 In("03","04")

  B. SELECT 姓名,简历 FROM Stud WHERE 性别="女" And 所属学院 In("03",
   "04")

  C. SELECT 姓名,性别,所属学院,简历 FROM Stud WHERE 性别="女" And
   所属学院 ="03" Or 所属学院="04"

  D. SELECT 姓名,简历 FROM Stud WHERE 性别="女" And 所属学院 ="03"
   Or 所属学院="04"

22. 图 2-12 是使用查询设计工具完成的查询,与该查询等价的 SQL 语句是(　　)。

  A. SELECT 学号,数学 FROM Sc WHERE 数学>(SELECT Avg(数学) FROM Sc)

  B. SELECT 学号 WHERE 数学>(SELECT Avg(数学) FROM Sc)

  C. SELECT 数学,Avg(数学) FROM Sc

  D. SELECT 数学>(SELECT Avg(数学) FROM Sc)

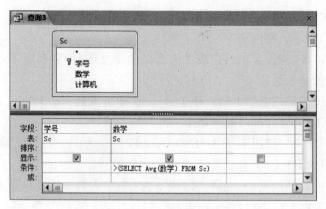

图 2-12　查询设计视图

第 23～30 题使用以下 3 个表：

部门(部门号 Char(4)，部门名 Char (12)，负责人 Char (6)，电话 Char (16))

职工(部门号 Char(4)，职工号 Char(10)，姓名 Char(8)，性别 Char(2)，出生日期 Datetime)

工资(职工号 Char (8)，基本工资 Real，津贴 Real，奖金 Real，扣除 Real)

23. 查询职工实发工资的正确命令是(　　)。

  A. SELECT 姓名，(基本工资＋津贴＋奖金－扣除) AS 实发工资 FROM 工资

  B. SELECT 姓名，(基本工资＋津贴＋奖金－扣除) AS 实发工资 FROM 工资
    WHERE 职工.职工号＝工资.职工号

  C. SELECT 姓名，(基本工资＋津贴＋奖金－扣除) AS 实发工资 FROM 工资，职工
    WHERE 职工.职工号＝工资.职工号

  D. SELECT 姓名，(基本工资＋津贴＋奖金－扣除) AS 实发工资 FROM 工资
    JOIN 职工 WHERE 职工.职工号＝工资.职工号

24. 查询 1972 年 10 月 27 日出生的职工信息的正确命令是(　　)。

  A. SELECT ＊ FROM 职工 WHERE 出生日期＝{1972-10-27}

  B. SELECT ＊ FROM 职工 WHERE 出生日期＝1972-10-27

  C. SELECT ＊ FROM 职工 WHERE 出生日期＝"1972-10-27"

  D. SELECT ＊ FROM 职工 WHERE 出生日期＝♯1972-10-27♯

25. 查询每个部门中年龄最长者的信息，要求显示部门名和出生日期，正确的命令
是(　　)。

  A. SELECT 部门名，Min(出生日期) FROM 部门
    INNER JOIN 职工 ON 部门.部门号＝职工.部门号
    GROUP BY 部门名

  B. SELECT 部门名，Max(出生日期) FROM 部门
    INNER JOIN 职工 ON 部门.部门号＝职工.部门号
    GROUP BY 部门名

  C. SELECT 部门名，Min(出生日期) FROM 部门
    INNER JOIN 职工 WHERE 部门.部门号＝职工.部门号
    GROUP BY 部门名

  D. SELECT 部门名，Max(出生日期) FROM 部门

INNER JOIN 职工 WHERE 部门.部门号＝职工.部门号

GROUP BY 部门名

26. 查询有 10 名以上（含 10 名）职工的部门的信息（部门名和职工人数），并按职工人数降序排列，正确的命令是（　　　）。

    A. SELECT 部门名，Count(职工号) AS 职工人数 FROM 部门，职工

       WHERE 部门.部门号＝职工.部门号

       GROUP BY 部门名 HAVING Count(*)＞＝10

       ORDER BY Count(职工号) ASC

    B. SELECT 部门名，Count(职工号) AS 职工人数 FROM 部门，职工

       WHERE 部门.部门号＝职工.部门号

       GROUP BY 部门名 HAVING Count(*)＞＝10

       ORDER BY Count(职工号) DESC

    C. SELECT 部门名，Count(职工号) AS 职工人数 FROM 部门，职工

       WHERE 部门.部门号＝职工.部门号

       GROUP BY 部门名 HAVING Count(*)＞＝10

       ORDER BY 职工人数 ASC

    D. SELECT 部门名，Count(职工号) AS 职工人数 FROM 部门，职工

       WHERE 部门.部门号＝职工.部门号

       GROUP BY 部门名 HAVING Count(*)＞＝10

       ORDER BY 职工人数 DESC

27. 查询年龄在 35 岁以上（不含 35 岁）的职工的姓名、性别和年龄，正确的命令是（　　　）。

    A. SELECT 姓名，性别，Year(Date())－Year(出生日期) AS 年龄 FROM 职工

       WHERE 年龄＞35

    B. SELECT 姓名，性别，Year(Date())－Year(出生日期) AS 年龄 FROM 职工

       WHERE Year(出生日期)＞35

    C. SELECT 姓名，性别，Year(Date())－Year(出生日期) AS 年龄 FROM 职工

       WHERE Year(Date())－Year(出生日期)＞35

    D. SELECT 姓名，性别，年龄＝Year(Date())－Year(出生日期) FROM 职工

       WHERE Year(Date())－Year(出生日期)＞35

28. 为工资表增加一个"实发工资"列的正确命令是（　　　）。

    A. MODIFY TABLE 工资 ADD COLUMN 实发工资 Real

    B. MODIFY TABLE 工资 ADD FIELD 实发工资 Real

    C. ALTER TABLE 工资 ADD 实发工资 Real

    D. ALTER TABLE 工资 ADD FIELD 实发工资 Real

29. 查询职工号的尾字符是"1"的错误命令是（　　　）。

    A. SELECT * FROM 职工 WHERE InStr(职工号，"1")＝8

    B. SELECT * FROM 职工 WHERE 职工号 Like "? 1"

    C. SELECT * FROM 职工 WHERE 职工号 Like " * 1"

D. SELECT ＊ FROM 职工 WHERE Right(职工号，1)＝"1"

30. 有以下 SQL 语句：

```
SELECT ＊ FROM 工资
WHERE Not (基本工资>3000 Or 基本工资<2000)
```

与该语句等价的 SQL 语句是(　　　)。

    A. SELECT ＊ FROM 工资

        WHERE 基本工资 Between 2000 And 3000

    B. SELECT ＊ FROM 工资

        WHERE 基本工资＞2000 And 基本工资＜3000

    C. SELECT ＊ FROM 工资

        WHERE 基本工资＞2000 Or 基本工资＜3000

    D. SELECT ＊ FROM 工资

        WHERE 基本工资＜＝2000 And 基本工资＞＝3000

31. 在 SQL 中用于在已有表中添加或改变字段的语句是(　　　)。

    A. CREATE　　　　B. ALTER　　　　C. UPDATE　　　　D. DROP

32. 下列关于 SQL 语句的说法中，错误的是(　　　)。

    A. INSERT 语句可以向数据表中追加新的数据记录

    B. UPDATE 语句用来修改数据表中已经存在的数据记录

    C. DELETE 语句用来删除数据表中的记录

    D. CREATE 语句用来建立表结构并追加新的记录

33. 在 Access 数据库中创建一个新表应该使用的 SQL 语句是(　　　)。

    A. CREATE TABLE　　　　　　　　B. CREATE INDEX

    C. ALTER TABLE　　　　　　　　　D. CREATE DATABASE

34. 如果要从数据库中删除一个表，应该使用的 SQL 语句是(　　　)。

    A. ALTER TABLE　　　　　　　　　B. KILL TABLE

    C. DELETE TABLE　　　　　　　　D. DROP TABLE

二、填空题

1. SQL 的含义是_____。

2. 在 Access 2010 中，SQL 查询具有 3 种特定形式，包括_____、_____和_____。

3. 已知 D1＝♯2013-5-28♯，D2＝♯2014-2-18♯，执行 D＝DateDiff("yyyy"，D1，D2)后，返回结果_____。

4. Any 运算符用于在子查询中表示条件时，其格式是_____。

5. 如果要将"学生"表中女生的入学成绩加 10 分，可以使用的语句是_____。

6. 语句"SELECT 成绩表. ＊ FROM 成绩表 WHERE 成绩表. 成绩＞(SELECT Avg(成绩表. 成绩) FROM 成绩表)"的查询结果是_____。

7. 联合查询指使用_____运算将多个_____合并到一起。

8. 在 SQL 的 SELECT 语句中用_____子句对查询的结果进行排序，_____子句指出的是查询条件。

习题选解

9. 设"职工"表中有工资字段，计算工资合计的 SQL 语句是 SELECT _____ FROM 职工。

10. 用 SQL 语句查询表名为"图书"的所有记录，应该使用的 SELECT 语句是_____。

三、问答题

1. SQL 语句有哪些功能？在 Access 2010 查询中如何使用 SQL 语句？

2. 在 SELECT 语句中，对查询结果进行排序的子句是什么？能消除重复行的关键字是什么？

3. 在一个包含集合函数的 SELECT 语句中，GROUP BY 子句有哪些用途？

4. HAVING 与 WHERE 同时用于指出查询条件，说明各自的应用场合。

5. 在 SQL 中，对于"查询结果是否允许存在重复元组"是如何实现的？

6. 在 SELECT 语句中，何时使用分组子句？何时不必使用分组子句？

四、应用题

1. 设有以下 4 个关系模式：

书店（书店号，书店名，地址）

图书（书号，书名，定价）

图书馆（馆号，馆名，城市，电话）

图书发行（馆号，书号，书店号，数量）

试回答下列问题。

(1) 用 SQL 语句定义图书关系模式。

(2) 用 SQL 语句插入一本图书的信息，即("B1001","数据库技术与应用",32)。

(3) 用 SQL 语句检索已发行图书中最贵和最便宜图书的书名和定价。

(4) 检索"数据库"类图书的发行量。

(5) 写出下列 SQL 语句的功能。

```
SELECT 馆名 FROM 图书馆 WHERE 馆号 In
    (SELECT 馆号 FROM 图书发行 WHERE 书号 In
        (SELECT 书号 FROM 图书 WHERE 书名 = '数据库技术与应用'))
```

2. 利用习题 4"四、应用题"中创建的"订货管理"数据库和记录实例，用 SQL 语句完成下列操作。

(1) 查找哪些仓库有工资多于 1810 元的职工。

(2) 先按仓库号排序，再按工资排序，并输出全部职工的信息。

(3) 求每个仓库职工的平均工资。

(4) 找出供应商所在地的数目。

(5) 找出尚未确定供应商的订购单。

(6) 列出已经确定了供应商的订购单的信息。

(7) 找出工资多于 1830 元的职工号和他们所在的城市。

(8) 找出工作在面积大于 400 平方米仓库中的职工的职工号以及这些职工工作的城市。

(9) 查找哪些城市至少有一个仓库职工的工资为 1850 元。

(10) 查找哪些仓库中还没有职工的仓库的信息。

(11) 查找哪些仓库中至少已经有一个职工的仓库的信息。

(12) 查询所有职工的工资都多于 1810 元的仓库的信息。

(13) 查找出每个仓库中工资多于 1820 元的职工的人数。

(14) 查找工资低于本仓库平均工资的职工的信息。

(15) 求所有职工的工资都多于 1810 元的仓库的平均面积。

(16) 找出和职工 E4 挣同样工资的所有职工。

(17) 查找出向供应商 S3 发过订购单的职工的职工号和仓库号。

(18) 查找出和职工 E1、E3 都有联系的北京供应商的信息。

(19) 查找出向 S4 供应商发出订购单的仓库所在的城市。

(20) 求在北京和上海仓库工作的职工的工资总和。

(21) 求在 wh2 仓库工作的职工的最高工资。

(22) 求至少有两个职工的每个仓库的平均工资。

(23) 查找出由工资多于 1830 元的职工向北京供应商发出的订购单号。

(24) 列出每个职工经手的具有最高总金额的订购单的信息。

(25) 查找有职工的工资大于或等于 wh1 仓库中任何一名职工工资的仓库号。

(26) 查找有职工的工资大于或等于 wh1 仓库中所有职工工资的仓库号。

参 考 答 案

一、选择题

1. A	2. B	3. A	4. A	5. D	6. B	7. C	8. D
9. A	10. B	11. D	12. B	13. B	14. B	15. C	16. A
17. B	18. B	19. B	20. A	21. A	22. A	23. C	24. D
25. A	26. B	27. C	28. C	29. B	30. A	31. B	32. D
33. A	34. D						

二、填空题

1. 结构化查询语言

2. 联合查询、传递查询、数据定义

3. 1

4. ＜字段＞ ＜比较符＞ Any(＜子查询＞)

5. UPDATE 学生 SET 成绩＝[成绩]＋10 WHERE 性别＝"女"

6. 查询成绩表中所有成绩大于平均成绩的记录

7. UNION、查询结果

8. ORDER BY、WHERE

9. Sum(工资)

10. SELECT ＊ FROM 图书

三、问答题

1. 答：通过 SQL 可以实现数据库的全面管理，包括数据查询、数据操纵、数据定义和数据控制 4 个方面，它是一种通用的关系数据库语言。在 Access 查询中，可以通过 SQL 视图下的文本编辑器实现 SQL 语句的输入和编辑。

2. **答**：SELECT 语句中对查询结果进行排序的子句是 ORDER BY，其格式如下：

ORDER BY <排序选项 1> [ASC|DESC][,<排序选项 2>[ASC|DESC]…]

其中，<排序选项>可以是字段名，也可以是数字。字段名必须是 SELECT 语句的输出选项，当然是所操作表中的字段。数字是排序选项在 SELECT 语句输出选项中的序号。ASC 指定的排序项按升序排列，DESC 指定的排序项按降序排列。

能消除重复行的关键字是 DISTINCT。

3. **答**：使用 GROUP BY 子句可以对查询结果进行分组，其格式如下：

GROUP BY <分组选项 1>[,<分组选项 2>…]

其中，<分组选项>是作为分组依据的字段名。

GROUP BY 子句可以将查询结果按指定列进行分组，每组在列上具有相同的值。需要注意的是，如果使用了 GROUP BY 子句，则查询输出选项要么是分组选项，要么是统计函数，因为分组后每个组只返回一行结果。

4. **答**：若在分组后还要按照一定的条件进行筛选，则需要使用 HAVING 子句，其格式如下：

HAVING <分组条件>

HAVING 子句与 WHERE 子句一样，也可以起到按条件选择记录的功能，但两个子句作用的对象不同，WHERE 子句作用于表，HAVING 子句作用于组，必须与 GROUP BY 子句一起使用，用来指定每一分组内应满足的条件。HAVING 子句与 WHERE 子句不矛盾，在查询中先用 WHERE 子句选择记录，然后进行分组，最后再用 HAVING 子句选择记录。当然，GROUP BY 子句也可以单独出现。

5. **答**：对于 SELECT 语句，若用"SELECT DISTINCT"形式，则查询结果中不允许有重复的元组；若不加 DISTINCT 短语，则查询结果中允许出现重复的元组。

6. **答**：在 SELECT 语句中使用分组子句的先决条件是要有聚合操作，当聚合操作值与其他属性的值无关时不必使用分组子句。例如，求男同学的人数，此时聚合值只有一个，因此不必分组。

当聚合操作值与其他属性的值有关时必须使用分组子句。例如，求不同性别的人数，此时聚合值有两个，与性别有关，因此必须分组。

四、应用题

1. **答**：

(1) CREATE TABLE 图书(书号 CHAR(5) PRIMARY KEY，书名 CHAR(10)，定价 DECIMAL(8,2))

(2) INSERT INTO 图书 VALUES("B1001"，"数据库技术与应用"，32)

(3) SELECT 图书.书名，图书.定价 FROM 图书 WHERE 定价=
(SELECT Max(定价) FROM 图书，图书发行 WHERE 图书.书号=图书发行.书号)
UNION
SELECT 图书.书名，图书.定价 FROM 图书 WHERE 定价=
(SELECT Min(定价) FROM 图书，图书发行 WHERE 图书.书号=图书发行.书号)

（4）SELECT 书号，数量 FROM 图书发行 WHERE 书号 In

(SELECT 书号 FROM 图书 WHERE 书名 Like('＊数据库＊'))

（5）查询藏有已发行的"数据库技术与应用"一书的图书馆的馆名。

2. **答**：SQL 语句如下。

（1）SELECT DISTINCT 仓库号 FROM 职工表 WHERE 工资＞1810

（2）SELECT ＊ FROM 职工表 ORDER BY 仓库号，工资

（3）SELECT 仓库号，Avg(工资) FROM 职工表 GROUP BY 仓库号

（4）SELECT Count(DISTINCT 地址) FROM 供应商表

注意：除非对表中的记录数进行计数，一般 Count 函数应该使用 DISTINCT 短语。

（5）SELECT ＊ FROM 订购单表 WHERE 供应商号 Is Null

（6）SELECT ＊ FROM 订购单表 WHERE 供应商号 Is Not Null

（7）SELECT 职工表.职工号，仓库表.城市 FROM 职工表，仓库表

WHERE 职工表.仓库号＝仓库表.仓库号 And 工资＞1830

（8）SELECT 职工表.职工号，仓库表.城市，仓库表.面积

FROM 职工表，仓库表 WHERE 职工表.仓库号＝仓库表.仓库号

And 仓库表.面积＞400

（9）SELECT 仓库表.城市 FROM 职工表，仓库表 WHERE 职工表.仓库号＝仓库表.
仓库号 And 职工表.工资＝1850

或

SELECT 城市 FROM 仓库表 WHERE 仓库号 In(SELECT 仓库号 FROM 职工表
WHERE 工资＝1850)

（10）SELECT ＊ FROM 仓库表 WHERE 仓库号 Not In (SELECT 仓库号 FROM 职工表)

（11）SELECT ＊ FROM 仓库表 WHERE 仓库号 In (SELECT 仓库号 FROM 职工表)

（12）SELECT ＊ FROM 仓库表 WHERE 仓库表.仓库号 Not In(SELECT 仓库号 FROM
职工表 WHERE 工资＜＝1810) And 仓库表.仓库号 In (SELECT 仓库号 FROM 职工表)

错误语句 1：

SELECT ＊ FROM 仓库表 WHERE 仓库表.仓库号 Not In (SELECT 仓库号 FROM
职工表 WHERE 工资＜＝1810)

该查找结果错误，会将没有职工的仓库查找出来。如果要求排除那些还没有职工的仓
库，查找要求可描述为查找所有职工的工资都大于 1810 元的仓库的信息，并且该仓库至少
要有一名职工。

错误语句 2：

SELECT ＊ FROM 仓库表 WHERE 仓库表.仓库号 In(SELECT 仓库号 FROM 职
工表 WHERE 工资＞1810)

该查询结果错误，会查出仓库号为 wh1 的信息，但 wh1 的职工工资并不都大于 1810。

（13）SELECT 仓库号，Count（＊）职工个数 FROM 职工 WHERE 工资＞1820
GROUP BY 仓库号

（14）SELECT ＊ FROM 职工 a WHERE 工资＜(SELECT Avg(工资) FROM 职工 b
WHERE a.仓库号＝b.仓库号)

（15）SELECT Avg(面积) FROM 仓库表 WHERE 仓库号 Not In(SELECT 仓库号 FROM 职工表 WHERE 工资<=1810) And 仓库号 In(SELECT 仓库号 FROM 职工表)

（16）SELECT 职工号 FROM 职工表 WHERE 工资 In（SELECT 工资 FROM 职工表 WHERE 职工号="E4"）

（17）利用嵌套查询：

SELECT 职工号,仓库号 FROM 职工 WHERE 职工号 In

（SELECT 职工号 FROM 订购单 WHERE 供应商号="S3"）

利用连接查询：

SELECT 职工.职工号,仓库号 FROM 职工,订购单

WHERE 职工.职工号=订购单.职工号 And 供应商号="S3"

（18）SELECT * FROM 供应商 WHERE 地址="北京" And 供应商号 In

（SELECT 供应商号 FROM 订购单 WHERE 职工号="E1"）And 供应商号 In

（SELECT 供应商号 FROM 订购单 WHERE 职工号="E3"）

（19）SELECT 城市 FROM 仓库,职工,订购单 WHERE 仓库.仓库号=职工.仓库号 And 职工.职工号=订购单.职工号 And 供应商号="S4"

（20）SELECT Sum(工资) FROM 职工表,仓库表 WHERE 职工表.仓库号=仓库表.仓库号 And（城市="北京" Or 城市="上海"）

或

SELECT Sum(工资) FROM 职工表 WHERE 仓库号 In（SELECT 仓库号 FROM 仓库表 WHERE 城市="北京" Or 城市="上海"）

（21）SELECT Max(工资) FROM 职工表 WHERE 仓库号="wh2"

（22）SELECT 仓库号,Count(*),Avg(工资) FROM 职工表 GROUP BY 仓库号 HAVING Count(*)>=2

（23）SELECT 订货单号 FROM 职工,订购单,供应商 WHERE 职工.职工号=订购单.职工号 And 订购单.供应商号=供应商.供应商号 And 工资>1830 And 地址="北京"

（24）SELECT 职工号,供应商号,订购单号,订购日期,总金额 FROM 订购单表 WHERE 总金额=（SELECT Max(总金额) FROM 订购单表 GROUP BY 职工号 ）

（25）SELECT DISTINCT 仓库号 FROM 职工表 WHERE 工资>=（SELECT Min (工资) FROM 职工表 WHERE 仓库号="wh1"）

（26）SELECT DISTINCT 仓库号 FROM 职工表 WHERE 工资>=（SELECT Max (工资) FROM 职工表 WHERE 仓库号="wh1"）

习题 7　窗体的创建与应用

一、选择题

1. 关于窗体的作用,下面叙述错误的是（　　）。

　A. 可以接收用户输入的数据或命令　　B. 可以编辑、显示数据库中的数据

　C. 可以构造方便、美观的输入输出界面　　D. 可以直接存储数据

2. 下列有关窗体的叙述,错误的是(　　　)。

    A. 可以存储数据,并以行和列的形式显示数据

    B. 可以用于显示表和查询中的数据,以及输入数据、编辑数据和修改数据

    C. 由多个部分组成,每个部分称为一个"节"

    D. 常用的3种视图为"设计视图""窗体视图""数据表视图"

3. 关于窗体,下列说法错误的是(　　　)。

    A. 窗体可以用来显示表中的数据,并对表中的数据进行修改、删除等操作

    B. 窗体本身不存储数据,数据保存在表对象中

    C. 如果要调整窗体中控件所在的位置,应该使用窗体设计视图

    D. 未绑定型控件一般与数据表中的字段相连,字段就是该控件的数据源

4. 下列有关窗体的描述,错误的是(　　　)。

    A. 数据源可以是表和查询

    B. 可以链接数据库中的表,作为输入记录的理想界面

    C. 能够从表查询提取所需的数据,并将其显示出来

    D. 可以将数据库中需要的数据提取出来进行汇总,并将数据以格式化的方式发送
       到打印机

5. 若要快速调整控件格式,如字体大小、颜色等,可以使用(　　　)。

    A. "字段列表"任务窗格   B. "窗体设计工具/设计"选项卡

    C. "窗体设计工具/排列"选项卡   D. "窗体设计工具/格式"选项卡

6. 下列不是窗体组成部分的是(　　　)。

    A. 窗体页眉   B. 窗体页脚   C. 主体   D. 窗体设计器

7. Access 的窗体由多个部分组成,每个部分称为一个(　　　)。

    A. 控件   B. 子窗体   C. 节   D. 页

8. 下列不属于 Access 2010 窗体视图的是(　　　)。

    A. 设计视图   B. 窗体视图   C. 版面视图   D. 数据表视图

9. 在窗体设计视图中,必须包含的部分是(　　　)。

    A. 主体   B. 窗体页眉和页脚

    C. 页面页眉和页脚   D. 以上3项都要包含

10. 下列不属于窗体类型的是(　　　)。

    A. 纵栏式窗体   B. 表格式窗体   C. 开放式窗体   D. 数据表窗体

11. 下列可以作为窗体记录源的是(　　　)。

    A. 表   B. 查询

    C. SELECT 语句   D. 表、查询或 SELECT 语句

12. 如果要在文本框中显示当前日期和时间,应当设置文本框的控件来源属性
为(　　　)。

    A. ＝Date()   B. ＝Now()   C. ＝Time()   D. ＝Year()

13. 下列选项中关于控件的描述,错误的是(　　　)。

    A. 控件是窗体上用于显示数据、执行操作、装饰窗体的对象

    B. 在窗体上添加的每个对象都是控件

C. 控件的类型分为计算型和非计算型

D. 未绑定型控件没有数据来源,可以用来显示信息、线条、矩形或图像

14. 在窗体中,用来输入和编辑字段数据的交互控件是(　　)。

　　A. 文本框　　　　B. 标签　　　　C. 复选框　　　　D. 列表框

15. 若字段类型为是否型,通常在窗体中使用的控件是(　　)。

　　A. 标签　　　　B. 文本框　　　　C. 复选框　　　　D. 组合框

16. 如果窗体上输入的数据总是取自表或查询中的字段数据,或某固定内容的数据,可以使用(　　)控件来显示该字段。

　　A. 文本框　　　　B. 选项组　　　　C. 列表框　　　　D. 选项卡

17. 下面关于列表框和组合框的叙述,正确的是(　　)。

　　A. 在列表框和组合框中均不可以输入新值

　　B. 可以在列表框中输入新值,而在组合框中不能

　　C. 在列表框和组合框中均可以输入新值

　　D. 可以在组合框中输入新值,而在列表框中不能

18. 在教师信息输入窗体中为"职称"字段提供"教授""副教授""讲师""助教"等选项供用户直接选择,应使用的控件是(　　)。

　　A. 标签　　　　B. 复选框　　　　C. 文本框　　　　D. 组合框

19. 在使用向导为"学生"表创建窗体时,"照片"字段所使用的默认控件是(　　)。

　　A. 图像框　　　　B. 绑定对象框　　　C. 非绑定对象框　　　D. 列表框

20. 下列不是窗体控件的是(　　)。

　　A. 表　　　　B. 标签　　　　C. 文本框　　　　D. 组合框

21. 用表达式作为数据源的控件类型是(　　)。

　　A. 绑定型　　　　B. 未绑定型　　　　C. 计算型　　　　D. 结合型

22. 在计算控件中,每个表达式前都要加上(　　)。

　　A. "="　　　　B. "!"　　　　C. ","　　　　D. "Like"

23. 能够接收数据的窗体控件是(　　)。

　　A. 图形　　　　B. 命令按钮　　　　C. 文本框　　　　D. 标签

24. 不能输出图片的窗体控件是(　　)。

　　A. 图像　　　　　　　　　　　　B. 文本框

　　C. 绑定对象框　　　　　　　　　D. 未绑定对象框

25. 选项组控件不包含(　　)。

　　A. 组合框　　　　B. 复选框　　　　C. 切换按钮　　　　D. 选项按钮

26. 当窗体中的内容较多无法在一页中显示时,可以使用(　　)控件来进行分页。

　　A. 命令按钮　　　　B. 组合框　　　　C. 选项卡　　　　D. 选项组

27. 既可以直接输入文字,又可以从列表中选择输入项的控件是(　　)。

　　A. 选项框　　　　B. 文本框　　　　C. 组合框　　　　D. 列表框

28. 用来显示与窗体关联的表或查询中字段值的控件类型是(　　)。

　　A. 绑定型　　　　B. 计算型　　　　C. 关联型　　　　D. 未绑定型

29. 如果要改变窗体上文本框控件的数据源,应设置的属性是(　　)。
    A. 记录源　　　　B. 控件来源　　　　C. 筛选查阅　　　　D. 默认值

30. (　　)节在窗体每页的顶部显示信息。
    A. 主体　　　　B. 窗体页眉　　　　C. 页面页眉　　　　D. 控件页眉

31. 如果要在窗体首页使用标题,应在窗体页眉添加(　　)控件。
    A. 标签　　　　B. 文本框　　　　C. 选项组　　　　D. 图片

32. 为窗体上的控件设置 Tab 键的顺序,应选择"属性表"任务窗格中的(　　)选项卡。
    A. 格式　　　　B. 数据　　　　C. 事件　　　　D. 其他

33. 如果要在文本框内输入姓名后,光标立即移至下一个指定的文本框,应设置(　　)属性。
    A. 自动 Tab 键　　　　B. 制表位　　　　C. Tab 键索引　　　　D. 可以扩大

34. 如果要改变某控件的名称,应该选取其属性选项卡的(　　)页。
    A. 格式　　　　B. 数据　　　　C. 事件　　　　D. 其他

35. 下列不是窗体的"数据"属性的是(　　)。
    A. 允许添加　　　　B. 排序依据　　　　C. 记录源　　　　D. 自动居中

36. 下列不是文本框的"事件"属性的是(　　)。
    A. 更新前　　　　B. 加载　　　　C. 退出　　　　D. 单击

37. 下列不属于窗体的常用"格式"属性的是(　　)。
    A. 标题　　　　B. 滚动条　　　　C. 分隔线　　　　D. 记录源

38. 在显示具有(　　)关系的表或查询中的数据时,子窗体特别有效。
    A. 一对一　　　　B. 一对多　　　　C. 多对多　　　　D. 复杂

39. 确定一个控件在窗体或报表中位置的属性是(　　)。
    A. 宽度或高度　　　　　　　　　　B. 宽度和高度
    C. 上边距或左(边距)　　　　　　　D. 上边距和左(边距)

40. 假定窗体的名称为 fmTest,则把窗体的标题设置为 Access Test 的语句是(　　)。
    A. Me="Access Test"　　　　　　　B. Me.Caption="Access Test"
    C. Me.Text="Access Test"　　　　　D. Me.Name="Access Test"

41. 窗体的名称为 fmTest,窗体中有一个标签和一个命令按钮,名称分别为 Label1 和 bChange。在"窗体视图"中显示该窗体时,要求在单击命令按钮后标签上显示的文字的颜色变为红色,以下能实现该操作的语句是(　　)。
    A. Label1.ForeColor=255　　　　　B. bChange.ForeColor=255
    C. Label1.BackColor="255"　　　　D. bChange.BackColor="255"

42. 假设已在 Access 中建立了包含"书名""单价""数量"3 个字段的"图书订单"表,在以该表为数据源创建的窗体中有一个计算订购总金额的文本框,其控件来源为(　　)。
    A. [单价]*[数量]
    B. =[单价]*[数量]
    C. [图书订单表]![单价]*[图书订单表]![数量]
    D. =[图书订单表]![单价]*[图书订单表]![数量]

43. 在窗体上,设置控件 Command0 为不可见的属性是(　　)。

　　A. Command0. Color　　　　　　　　B. Command0. Caption

　　C. Command0. Enabled　　　　　　　D. Command0. Visible

44. 若要求在文本框中输入文本时得到密码"＊"号的显示效果,应设置的属性是(　　)。

　　A. 默认值　　　　　　　　　　　　B. 标题

　　C. 密码　　　　　　　　　　　　　D. 输入掩码

45. 如果要改变窗体上文本框控件的输出内容,应设置的属性是(　　)。

　　A. 标题　　　　　B. 查询条件　　　　C. 控件来源　　　　D. 记录源

46. 如果将窗体背景图片存储到数据库文件中,则在"图片类型"属性框中应指定(　　)。

　　A. 嵌入方式　　　　　　　　　　　B. 链接方式

　　C. 嵌入或链接方式　　　　　　　　D. 任意方式

47. 窗体事件是指操作窗体时所引发的事件,下列不属于窗体事件的是(　　)。

　　A. 打开　　　　　B. 关闭　　　　　C. 加载　　　　D. 取消

48. 下列关于对象事件"更新前"的描述正确的是(　　)。

　　A. 当窗体或控件接收焦点时发生的事件

　　B. 在控件或记录用更改过的数据更新之后发生的事件

　　C. 在控件或记录用更改了的数据更新之前发生的事件

　　D. 当窗体或控件失去焦点时发生的事件

49. 下列对键盘事件"击键"的描述正确的是(　　)。

　　A. 在控件或窗体具有焦点时,在键盘上按下任何键所发生的事件

　　B. 在控件或窗体具有焦点时,释放一个按下的键所发生的事件

　　C. 在控件或窗体具有焦点时,当按下并释放一个键或组合键时发生的事件

　　D. 在控件或窗体具有焦点时,当按下或释放一个键或组合键时发生的事件

50. 若在窗体的设计过程中将命令按钮 Command0 的事件属性设置为如图 2-13 所示,则含义是(　　)。

图 2-13　命令按钮 Command0 的事件属性设置

A. 只能为"进入"事件和"单击"事件编写事件过程

B. 不能为"进入"事件和"单击"事件编写事件过程

C. "进入"事件和"单击"事件执行的是同一个事件过程

D. 已经为"进入"事件和"单击"事件编写了事件过程

51. 若窗体 Frm1 中有一个命令按钮 Cmd1,则窗体和命令按钮的 Click 事件过程名分别为(   )。

A. Form_Click()、Command1_Click()

B. Frm1_Click()、Command1_Click()

C. Form_Click()、Cmd1_Click()

D. Frm1_Click()、Cmd1_Click()

二、填空题

1. 纵栏式窗体每次显示_____条记录。

2. 在纵栏式窗体、表格式窗体和数据表窗体中,将窗体最大化后显示记录最多的窗体是_____。

3. _____是用户对数据库中的数据进行操作的工作界面。

4. 窗体_____决定了窗体的结构、外观以及数据来源。

5. 能够唯一标识某一控件的属性是_____。

6. 用鼠标将_____命令组中的任意一个控件拖曳到窗体中,将在窗体中添加一个新的控件,用户只有对新控件的_____加以设置,窗体的控件才能发挥其作用。

7. 利用"窗体设计工具"的_____选项卡中的命令,可以对选定的控件进行对齐等操作。

8. 窗体中的控件依据与数据的关系可以分为_____、_____和_____ 3种类型。

9. 计算型控件用_____作为数据源。

10. 在创建主/子窗体之前,必须设置_____之间的关系。

11. 窗体的"属性表"任务窗格中有_____、_____、_____、_____、_____选项卡。

12. 插入其他窗体中的窗体称为_____。

13. 选项组中可以存放的控件有_____、_____和_____。

14. 组合框和列表框都可以从列表中选择值,相比较而言,_____占用的窗体空间多,_____不仅可以选择值,还可以输入新的文本。

15. 在 Access 数据库中,如果窗体上输入的数据总是取自表或查询中的字段数据,或者是取自某固定内容的数据,可以使用_____控件来完成。

16. 通过设置窗体的_____属性可以设定窗体的数据源。

三、问答题

1. 简述窗体的作用、类型及窗体的6种视图。

2. 创建窗体的方法有哪些?

3. "属性表"任务窗格有什么作用?如何显示"属性表"任务窗格?举例说明在"属性表"任务窗格中设置对象属性值的方法。

4. 窗体由哪几部分组成?各部分主要用来放置哪些信息和数据?

5. 窗体控件分为几类？各有何特点？

6. 如何在窗体中添加绑定控件？举例说明如何创建计算型控件。

7. 用于创建主窗体和子窗体的表之间需要满足什么条件？如何设置主窗体和子窗体间的联系,使子窗体的内容随主窗体中记录的改变而发生改变？

参 考 答 案

一、选择题

1. D	2. A	3. D	4. D	5. D	6. D	7. C	8. C
9. A	10. C	11. D	12. B	13. C	14. A	15. C	16. C
17. D	18. D	19. B	20. A	21. C	22. A	23. C	24. B
25. A	26. C	27. C	28. A	29. B	30. C	31. A	32. D
33. C	34. D	35. D	36. B	37. D	38. B	39. D	40. B
41. A	42. B	43. D	44. D	45. C	46. A	47. D	48. C
49. C	50. D	51. D					

二、填空题

1. 一

2. 数据表窗体

3. 窗体

4. 属性

5. 名称

6. 控件、属性

7. 排列

8. 绑定型控件、非绑定型控件、计算型控件

9. 表达式

10. 表

11. 格式、数据、事件、其他、全部

12. 子窗体

13. 复选框、选项按钮、切换按钮

14. 列表框、组合框

15. 列表框或组合框

16. 记录源

三、问答题

1. **答**：窗体是一个为用户提供的可以输入和编辑数据的良好界面,主要作用有在数据库中输入和显示数据,利用切换面板来打开数据库中的其他窗体和报表,用自定义框来接收用户的输入及根据输入执行操作。

窗体分为纵栏式窗体、表格式窗体、数据表窗体、主/子窗体、图表窗体、数据透视表窗体和数据透视图窗体几种类型。

窗体的6种视图是设计视图、窗体视图、数据表视图、布局视图、数据透视表视图和数据透视图视图。

2. 答：在 Access 2010 主窗口中，"创建"选项卡中的"窗体"命令组提供了多种创建窗体的命令按钮，包括"窗体""窗体设计""空白窗体"3 个主要的命令按钮，以及"窗体向导""导航""其他窗体"3 个辅助按钮。"窗体"命令组中的各命令按钮提供了创建窗体的方法。

3. 答："属性表"任务窗格用于窗口及窗口中对象属性值的设置及事件代码的编写。

右击窗体或控件，从弹出的快捷菜单中选择"属性"命令，或单击"窗体设计工具/设计"选项卡，在"工具"命令组中单击"属性表"命令按钮，都可以打开"属性表"任务窗格。

"属性表"任务窗格中包含"格式""数据""事件""其他""全部"5 个选项卡，单击其中的一个选项卡即可对相应属性进行设置。在设置某一属性时，先单击要设置的属性，然后在属性框中输入一个设置值或表达式。如果属性框中显示有向下的箭头，也可以单击该箭头，并从打开的下拉列表中选择一个数值。如果属性框右侧显示有省略号按钮，单击该按钮，显示一个生成器或显示一个可以用于选择生成器的对话框，通过该生成器可以设置其属性。例如，可以通过设置"标签"对象的"标题"属性达到显示所需文字说明的目的。

4. 答：一个窗体是由多个部分组成的，每个部分称为一个节，窗体可以含有 5 种节，分别是页面页眉、窗体页眉、主体、窗体页脚、页面页脚。

各部分中放置的信息和数据如下。

(1) 窗体页眉和窗体页脚。窗体页眉用于放置和显示与数据相关的一些信息，例如，标题、公司标志或其他需要与数据记录分开的一些信息（如当前日期、时间等）。窗体页脚用于放置和显示与数据相关的说明信息，例如，当前记录以及如何输入数据等。

(2) 主体。主体区域是窗体的核心部分，用来放置显示数据的相关控件显示数据记录信息。

(3) 页面页眉和页面页脚。用于放置和显示打印窗体时在每页窗体的页面页眉和页面页脚必须出现的内容，一般用来显示日期、页码等信息。

5. 答：在窗体上使用的控件可以分为 3 类，即绑定型控件、未绑定型控件和计算型控件。

绑定型控件与表或查询中的字段相关联，可用于显示、输入、更新数据库中字段的值。

未绑定型控件是无数据源的控件，其"控件来源"属性没有绑定字段或表达式，可用于显示文本、线条、矩形和图片等。

计算型控件用表达式而不是字段作为数据源，表达式可以利用窗体或报表所引用的表或查询字段中的数据，也可以利用窗体或报表上的其他控件中的数据。

6. 答：如果要在窗体中添加绑定控件，首先利用"控件"命令组中的控件创建窗体的绑定控件对象，然后给绑定控件对象设置"控件来源"属性值。

假定数据库中已创建"学生成绩"表，包含"平时成绩"和"考试成绩"两个字段，可以在窗体中创建计算型控件来显示每个学生的总成绩（约定"平时成绩""考试成绩"分别占 30% 和70%），步骤如下。

(1) 创建窗体。

(2) 在窗体中创建文本框控件。

(3) 设置"文本框"控件的"控件来源"属性值为"＝[平时成绩]＊30/100＋[考试成绩]＊70/100"。

7. 答：用于创建主窗体和子窗体的表之间必须满足一对多的关系。若要使子窗体中的内容随主窗体中记录的改变而改变，只需要建立主窗体和子窗体之间的一对多的关系。

习题 8 报表的创建与应用

一、选择题

1. Access 2010 中的报表( )。

    A. 是一种特殊的 Web 页

    B. 是一种查询

    C. 能对表中的数据进行各种计算,并可以在打印机上打印出来

    D. 只能显示,不能打印

2. 以下叙述正确的是( )。

    A. 报表只能输入数据   B. 报表只能输出数据

    C. 报表可以输入和输出数据   D. 报表不能输入和输出数据

3. 在下列选项中,不属于报表功能的是( )。

    A. 分组组织数据,并进行汇总   B. 显示格式化数据

    C. 可以包含子报表以及图表数据   D. 输入和输出数据

4. 以下对报表的理解,正确的是( )。

    A. 报表与查询的功能一样   B. 报表与数据表的功能一样

    C. 报表只能输入输出数据   D. 报表能输出数据和实现一些计算

5. 关于报表,下列说法中正确的是( )。

    A. 基于某个表建立的报表,当源表数据改变时不会影响报表显示内容的改变

    B. 报表显示的数据随源表数据的改变而改变

    C. 在报表设计视图中不可以改变报表的显示格式

    D. 在预览报表时不可以改变报表的页面设置

6. 关于报表与窗体的区别,下列说法错误的是( )。

    A. 报表和窗体都可以打印预览

    B. 报表可以分组记录,窗体不可以分组记录

    C. 报表可以修改数据源记录,窗体不可以修改数据源记录

    D. 报表不可以修改数据源记录,窗体可以修改数据源记录

7. 报表以( )方式表现用户的数据。

    A. 文档   B. 显示   C. 打印   D. 视图

8. 报表可以( )数据源中的数据。

    A. 编辑   B. 显示   C. 修改   D. 删除

9. 报表的数据来源不能是( )。

    A. 表   B. 查询   C. SQL 语句   D. 窗体

10. 关于设置报表的数据源,下列叙述中正确的是( )。

    A. 可以是任意对象   B. 只能是表对象

    C. 只能是查询对象   D. 只能是表对象或查询对象

11. 在报表中,( )部分包含表中记录的信息。

    A. 主体   B. 报表页眉   C. 报表页脚   D. 页面页眉

12. 在报表的设计视图中,区段表示为带状形式,也被称为(   )。
     A. 页   B. 面   C. 区   D. 节
13. 查看报表的页面数据输出形态的视图是(   )。
     A. 打印预览   B. 设计视图   C. 版面预览   D. 报表预览
14. 创建(   )报表可以不使用报表向导而直接使用设计视图。
     A. 纵栏式   B. 表格式   C. 分组   D. 以上各种
15. 如果要在报表页的主体节区中显示一条或多条记录,而且以垂直方式显示,应选择(   )。
     A. 纵栏式报表   B. 表格式报表   C. 图表报表   D. 标签报表
16. 如果要实现报表按某字段分组统计输出,需要设置(   )。
     A. 报表页脚   B. 该字段组页脚   C. 主体   D. 页面页脚
17. 如果要进行分组统计并输出,统计计算控件应该设置在(   )。
     A. 报表页眉/报表页脚   B. 页面页眉/页面页脚
     C. 组页眉/组页脚   D. 主体
18. 在报表设计区中,(   )主要显示分组统计数据。
     A. 组页脚   B. 组页眉   C. 报表页脚   D. 页面页脚
19. 如果要设置在报表第1页的顶部输出的信息,需要设置(   )。
     A. 页面页脚   B. 报表页脚   C. 页面页眉   D. 报表页眉
20. 如果要设置只在报表最后一页的主体内容之后输出的信息,需要设置(   )。
     A. 报表页眉   B. 报表页脚   C. 页面页眉   D. 页面页脚
21. 如果要设置在报表每一页的底部都输出的信息,需要设置(   )。
     A. 报表页眉   B. 报表页脚   C. 页面页眉   D. 页面页脚
22. 如果要设置在报表每一页的顶部都输出的信息,需要设置(   )。
     A. 报表页眉   B. 报表页脚   C. 页面页眉   D. 页面页脚
23. 在设计报表时,如果要统计报表中某个字段的全部数据,需要设置(   )。
     A. 组页眉/组页脚   B. 页面页眉/页面页脚
     C. 报表页眉/报表页脚   D. 主体
24. 如果设置报表上某个文本框的"控件来源"属性为"=7*12+8",则打印预览报表时,该文本框中显示的信息为(   )。
     A. 未绑定   B. 92   C. 7*12+8   D. =7*12+8
25. 如果设置报表上某个文本框的"控件来源"属性为"=7 Mod 4",则在打印预览视图中,该文本框中显示的信息为(   )。
     A. 未绑定   B. 3   C. 7 Mod 4   D. 出错
26. 自动报表包括(   )内容。
     A. 表中所有的非自动编号字段   B. 数据库中全部表的字段
     C. 在对话框中指定的字段   D. 作为数据源的表中的所有字段
27. 如果要实现报表的总计,其操作区域是(   )。
     A. 组页脚/页眉   B. 报表页脚/页眉
     C. 页面页眉/页脚   D. 主体

28. 在报表中,如果要计算所有学生的"数学"课程的平均成绩,应将控件的"控件来源"属性设置为(   )。

A. ＝Avg(数学) B. Avg([数学])

C. ＝Avg([数学]) D. Avg(数学)

29. 如果建立报表所需要显示的内容位于多个表中,则必须将报表基于(   )来制作。

A. 多个表中的全部数据 B. 由多个表中的相关数据建立的查询

C. 由多个表中的相关数据建立的窗体 D. 由多个表中的相关数据组成的新表

30. 在设置报表的属性时,需要将鼠标指针指向(   )对象并右击,打开报表的"属性表"任务窗格。

A. 报表左上角的小方块 B. 报表的标题栏处

C. 报表页眉处 D. 报表的主体节

31. 在报表设计中,以下可以作为绑定控件显示字段数据的是(   )。

A. 文本框 B. 标签 C. 命令按钮 D. 图像

32. 在报表中要显示格式为"页码/总页数"的页码,应当设置文本框的"控件来源"属性是(   )。

A. [Page]/[Pages] B. ＝[Pages]/[Page]

C. [Pages] & "/" & [Page] D. ＝[Page] & "/" & [Pages]

33. 在报表中要显示格式为"共 N 页,第 N 页"的页码,下列页码格式设置正确的是(   )。

A. ＝"共" ＋ Pages ＋ "页,第" ＋ Page ＋ "页"

B. ＝"共" ＋ [Pages] ＋ "页,第" ＋ [Page] ＋ "页"

C. ＝"共" & Pages & "页,第" & Page & "页"

D. ＝"共" & [Pages] & "页,第" & [Page] & "页"

34. 在报表中,将大量数据按不同的类型分别集中在一起称为(   )。

A. 数据筛选 B. 合计 C. 分组 D. 排序

35. 单击"报表设计工具/设计"选项卡的"分组和汇总"命令组中的"分组和排序"命令按钮,则在"设计视图"下方会显示"分组、排序和汇总"窗格,并在该窗格中显示"添加组"和"(   )"按钮。

A. 添加排序 B. 显示排序

C. 创建排序 D. 编辑排序

36. 如果要设计出带表格线的报表,需要向报表中添加(   )控件完成表格线的显示。

A. 文本框 B. 标签 C. 复选框 D. 直线或矩形

37. 在报表中只改变一个节的宽度将(   )。

A. 只改变这个节的宽度

B. 改变整个报表的宽度

C. 因为报表的宽度是确定的,所以不会有任何改变

D. 只改变报表的页眉、页脚的宽度

38. 在报表设计的控件中,用于修饰版面以达到良好输出效果的是(   )。

A. 直线和多边形 B. 直线和圆形

C. 直线和矩形 D. 矩形和圆形

39. 使用报表向导设计报表,要想在报表中对各门课程的成绩按班级分别计算合计、平均值、最大值、最小值等,则需要设置(   )。

    A. 分组级别   B. 汇总选项   C. 分组间隔   D. 排序字段

40. 子报表向导创建的默认报表布局是(   )。

    A. 纵栏式   B. 数据表式   C. 表格式   D. 递阶式

41. 子报表向导创建的子报表中每个字段的标签都在(   )中。

    A. 报表页眉   B. 页面页眉   C. 组页眉   D. 报表标题

二、填空题

1. 在 Access 2010 中,常用的报表有 4 种,它们是 _____、_____、_____ 和 _____。

2. 一个复杂的报表设计最多由报表页眉、报表页脚、页面页眉、_____、_____、_____ 和组页脚 7 个部分组成。

3. Access 的报表对象的数据源可以设置为 _____。

4. 报表的 _____ 部分是报表不可缺少的内容。

5. _____ 的内容只能在报表的第 1 页的最上方输出。

6. 报表页眉、页脚主要用于报表的 _____、制作时间、制作者等信息的输出。

7. 报表有 4 种类型的视图,分别是 _____、_____、_____ 和 _____。

8. 设置报表的属性,需要在 _____ 中完成。

9. 如果要在报表上显示格式为"4/总 15 页"的页码,则计算型控件的"控件来源"应设置为 _____。

10. 如果要实现报表的分组统计,正确的操作区域是 _____。

11. 报表中的计算公式常放在 _____ 中。

12. 计算型控件的控件来源属性一般设置为以 _____ 开头的计算表达式。

13. 在 Access 中,设计报表时分页符以 _____ 标志显示在报表的左边界上。

14. 如果要设计出带表格线的报表,需要向报表中添加 _____ 控件完成表格线的显示。

15. 对报表进行 _____ 的设置,可以使报表中的数据按一定的顺序和分组输出,并且可以进行分组汇总。

三、问答题

1. 报表的功能是什么?报表和窗体的主要区别是什么?

2. 报表由哪几部分组成?每部分的作用是什么?

3. 创建报表的方法有哪些?各有哪些优点?

4. 除了报表的设计布局外,报表预览的结果还与什么因素有关?

5. 如何为报表指定记录源?

6. 什么是分组?分组的作用是什么?如何添加分组?

参 考 答 案

一、选择题

1. C   2. B   3. D   4. D   5. B   6. C   7. C   8. B

9. D	10. D	11. A	12. D	13. A	14. D	15. A	16. B
17. C	18. A	19. D	20. B	21. D	22. C	23. C	24. B
25. B	26. D	27. B	28. C	29. B	30. A	31. A	32. D
33. D	34. C	35. A	36. D	37. B	38. C	39. B	40. C
41. A							

二、填空题

1. 纵栏式报表、表格式报表、图表报表、标签报表

2. 页面页脚、主体、组页眉

3. 表名或查询名

4. 主体

5. 报表页眉

6. 标题

7. 报表视图、打印预览、布局视图、设计视图

8. 报表设计视图

9. =[Page] & "/总" & [Pages] & "页"

10. 组页眉或组页脚

11. 计算型控件

12. "="

13. 短虚线

14. 直线或矩形

15. 分组与排序

三、问答题

1. 答：报表由从表或查询中获取的信息以及在设计报表时所提供的信息(如标签、标题和图形等)组成。报表可以对数据库中的数据进行分组、排序和筛选,另外,在报表中还可以插入文本、图形和图像等其他对象。报表和窗体的创建过程基本上是一样的,只是创建的目的不同,窗体主要用于数据的显示和处理,以实现人机交互;报表主要用于数据的浏览和打印以及对数据的分析和汇总。

2. 答：一般情况下,报表由5个区域组成,即报表页眉、页面页眉、主体、页面页脚、报表页脚。每节左边的小方块是相应的节选定器,报表左上角的小方块是报表选定器,双击相应的选定器可以打开"属性表"任务窗格设置相应节或报表的属性。

报表设计视图中的每个部分称为一个"节",每个"节"都有特定的用途,其中,主体节是必需的。各个节的功能如下。

(1) 报表页眉位于报表的开始位置,用来显示报表的标题、徽标或说明性文字,一个报表只有一个报表页眉。报表页眉中的所有内容都只能输出在报表的开始处。

(2) 页面页眉位于每页的开始位置,显示报表中的字段名称或对记录的分组名称,报表的每页有一个页面页眉,以保证数据较多报表需要分页时在报表的每页上都有一个表头。

一般来说,报表的标题放在报表页眉中,该标题输出时仅在报表第1页的开始位置出现。如果将标题移动到页面页眉中,则在每页上都输出显示该标题。

(3) 主体节位于报表的中间部分,用来定义报表中的输出内容和格式,它是报表显示数

据的主要区域。

(4) 页面页脚位于每页的结束位置,一般用来显示本页的汇总说明、页码等。

(5) 报表页脚位于报表的结束位置,用来显示整个报表的汇总信息或其他的统计信息。

除了以上通用区域外,在排序和分组时,有可能需要用到组页眉和组页脚。右击报表窗口并选择"排序和分组"命令,或单击"报表设计工具/设计"选项卡,然后在"分组和汇总"命令组中单击"分组和排序"命令按钮,显示"分组、排序和汇总"窗格。添加分组后,在报表工作区中即会出现相应的组页眉和组页脚。"组页眉"显示在每个新记录组的开头,使用"组页眉"可以显示组名。

3. 答:Access 2010 提供了 3 种创建报表的方式,即使用自动方式、使用向导功能和使用设计视图。使用自动方式或向导功能可以快速创建一个报表,但报表格式往往比较单一,用户可以在设计视图中对建立的报表进行修改和完善。

4. 答:与页面设置有关。

5. 答:设置报表对象的"记录源"属性。

6. 答:分组是指设计报表时按选定的某个(或几个)字段值是否相等,将记录划分成组的过程。在操作时,要先选定分组字段,将字段值相等的记录归为同一组,将字段值不等的记录归为不同组。通过分组可以实现同组数据的汇总和输出,增强了报表的可读性。

添加分组可以单击"报表设计工具/设计"选项卡,然后在"分组和汇总"命令组中单击"分组和排序"命令按钮,显示"分组、排序和汇总"窗格,在其中设置分组属性。

习题 9 宏的创建与应用

一、选择题

1. 下列有关宏的叙述,错误的是(　　)。
   A. 宏是一种操作代码的组合
   B. 宏具有控制转移功能
   C. 建立宏通常需要添加宏操作并设置宏参数
   D. 宏操作没有返回值

2. 以下关于宏的描述,错误的是(　　)。
   A. 宏均可转换为相应的 VBA 模块代码
   B. 宏是 Access 的对象之一
   C. 宏操作能实现一些编程的功能
   D. 宏命令中不能使用条件表达式

3. 以下关于宏的说法,错误的是(　　)。
   A. 宏可以是多个命令组合在一起　　　　B. 宏一次能完成多个操作
   C. 宏是一种编程的方法　　　　　　　　D. 用户必须用键盘逐一输入宏操作码

4. 下列有关宏操作的叙述,错误的是(　　)。
   A. 宏的条件表达式中不能引用窗体或报表的控件值
   B. 所有宏操作都可以转化为相应的模块代码
   C. 使用宏可以启动其他应用程序

    D. 可以利用宏组来管理相关的一系列宏

5. 下列关于宏的说法,错误的是( )。

    A. 宏是多个操作的集合

    B. 每个宏操作都有相同的宏操作参数

    C. 宏操作不能自定义

    D. 宏通常与窗体、报表中的命令按钮结合使用

6. 当直接运行含有子宏的宏时,只执行该宏的( )中的所有操作命令。

    A. 第1个子宏   B. 第2个子宏

    C. 最后一个子宏   D. 所有子宏

7. 当运行宏中的某一个子宏时,需要以( )格式来指定宏名。

    A. 宏名   B. 子宏名.宏名

    C. 子宏名   D. 宏名.子宏名

8. 定义( )有利于数据库中宏对象的管理。

    A. 宏   B. 宏组   C. 数组   D. 窗体

9. 如果要限制宏操作的范围,可以在创建宏时定义( )。

    A. 宏操作对象   B. 宏条件表达式

    C. 窗体或报表控件属性   D. 宏操作目标

10. 在一个宏的操作序列中,如果既包含带条件的操作,又包含无条件的操作,则带条件的操作是否执行取决于条件的真假,而没有指定条件的操作则会( )。

    A. 无条件执行   B. 有条件执行   C. 不执行   D. 出错

11. 在创建宏时至少要定义一个宏操作,并要设置对应的( )。

    A. 条件   B. 命令按钮   C. 宏操作参数   D. 注释信息

12. 在宏设计窗口中添加新的宏操作,不能采用的方法是( )。

    A. 拖曳"操作目录"任务窗格中的命令

    B. 双击"操作目录"任务窗格中的命令

    C. 右击"添加新操作"组合框,从快捷菜单中选择命令

    D. 在"添加新操作"组合框中选择或输入命令

13. 用于使计算机发出"嘟嘟"声的宏命令是( )。

    A. Beep   B. MessageBox   C. Echo   D. Restore

14. 为窗体或报表上的控件设置属性值的宏命令是( )。

    A. Echo   B. MessageBox   C. Beep   D. SetValue

15. 某窗体中有一个命令按钮,在窗体视图中单击此命令按钮打开另一个窗体,需要执行的宏操作是( )。

    A. OpenQuery   B. OpenReport   C. OpenWindow   D. OpenForm

16. 打开查询的宏操作是( )。

    A. OpenForm   B. OpenQuery   C. OpenTable   D. OpenModule

17. 下列不属于打开或关闭数据表对象的命令是( )。

    A. OpenForm   B. OpenReport   C. Close   D. RunSQL

18. 用于退出 Access 的宏命令是(　　　)。
    A. ExitAccess   B. Ctrl＋Alt＋Delete
    C. QuitAccess   D. CloseAccess

19. 通过(　　　)操作可以运行数据宏。
    A. RunMenuCommand   B. RunCode
    C. RunMacro   D. RunDataMacro

20. 在下列命令中,属于通知或警告用户的命令是(　　　)。
    A. Restore   B. Requery   C. MessageBox   D. RunApp

21. 用于指定当前记录的宏命令是(　　　)。
    A. Requery   B. FindRecord
    C. GoToControl   D. GoToRecord

22. 用于查找满足指定条件的第 1 条记录的宏命令是(　　　)。
    A. Requery   B. FindRecord
    C. FindNextRecord   D. GoToRecord

23. 用宏命令 OpenTable 打开数据表,则显示该表的视图是(　　　)。
    A. 数据表视图   B. 设计视图
    C. 打印预览视图   D. 以上都是

24. 在宏的表达式中还可能引用到窗体或报表上控件的值,引用窗体控件的值可以用表达式(　　　)。
    A. Forms!窗体名!控件名   B. Forms!控件名
    C. Forms!窗体名   D. 窗体名!控件名

25. 在宏的表达式中要引用报表 StuRep 上的控件 StuText1 的值,可以使用的引用是(　　　)。
    A. StuText1   B. StuRep!StuText1
    C. Reports!StuRep!StuText1   D. Reports!StuRep

26. 在 Access 2010 中,宏是按(　　　)调用的。
    A. 标识符   B. 名称   C. 编码   D. 关键字

27. 在一个数据库中已经设置了自动宏 AutoExec,如果在打开数据库时不想执行这个自动宏,正确的操作是(　　　)。
    A. 用 Enter 键打开数据库   B. 在打开数据库时按住 Alt 键
    C. 在打开数据库时按住 Ctrl 键   D. 在打开数据库时按住 Shift 键

二、填空题

1. 宏是一个或多个_____的集合。

2. 因为有了_____,数据库应用系统中的不同对象就可以联系起来。

3. 用于打开一个窗体的宏命令是_____,用于打开一个报表的宏命令是_____,用于打开一个查询的宏命令是_____。

4. 如果要引用子宏中的宏,则引用格式是_____。

5. 定义_____有利于管理数据库中的宏对象。

6. 由多个操作构成的宏,在执行时是按照宏命令的_____依次执行的。

7. VBA 的自动运行宏必须命名为_____。

8. 在宏的表达式中可能引用窗体或报表上控件的值，引用窗体控件的值，可以用式子_____；引用报表控件的值，可以用式子_____。

9. 实际上，所有的宏操作都可以转换为相应的模块代码，可以通过_____来完成。

10. 单击宏操作命令右侧的"上移""下移"箭头可以改变宏操作的_____，单击右侧的"删除"按钮可以_____宏操作。

三、问答题

1. 什么是宏？宏有何作用？

2. 什么是数据宏？它有何作用？

3. 在宏的表达式中引用窗体控件的值和引用报表控件的值，引用格式分别是什么？

4. 运行宏有几种方法？各有什么不同？

5. 名称为 AutoExec 的宏有何特点？

6. 子宏与宏组有何区别？

参 考 答 案

一、选择题

1. B　　2. D　　3. D　　4. A　　5. B　　6. A　　7. D　　8. B
9. B　　10. A　　11. C　　12. C　　13. A　　14. D　　15. D　　16. B
17. D　　18. C　　19. D　　20. C　　21. D　　22. B　　23. A　　24. A
25. C　　26. B　　27. D

二、填空题

1. 操作命令

2. 宏

3. OpenForm、OpenReport、OpenQuery

4. 宏名.子宏名

5. 宏组

6. 排列顺序

7. AutoExec

8. Form!窗体名!控件名、Report!报表名!控件名

9. 另存为模块的方式

10. 顺序、删除

三、问答题

1. 答：宏是一种工具，利用宏可以在窗体、报表和控件中添加功能自动完成某项任务。例如，可以在窗体中的命令按钮上将"单击"事件与一个宏关联，则每次单击按钮执行该宏时完成相应的操作。

2. 答：数据宏是指依附于表或表事件的宏，其作用是在插入、更新或删除表中的数据时执行某些操作，从而验证和确保表数据的准确性。

3. 答：在宏的表达式中引用窗体控件的值，可以用"Forms!窗体名!控件名"；引用报表控件的值，可以用"Reports!报表名!控件名"。

4. 答：在 Access 2010 中,可以直接运行某个宏,也可以从其他宏中运行宏,还可以通过响应窗体、报表或控件的事件来运行宏。

直接运行宏主要是为了对创建的宏进行调试,以测试宏的正确性。直接运行宏有以下 3 种方法。

(1) 在导航窗格中选择"宏"对象,然后双击宏名。

(2) 在"数据库工具"选项卡的"宏"命令组中单击"运行宏"命令按钮,弹出"执行宏"对话框,在"宏名称"下拉列表中选择要执行的宏,然后单击"确定"按钮。

(3) 在宏的设计视图中单击"宏工具/设计"选项卡,然后在"工具"命令组中单击"运行"命令按钮。

如果要从其他的宏中运行另一个宏,必须在宏设计视图中使用 RunMacro 宏操作命令,要运行的另一个宏的宏名作为操作参数。宏组中的宏的引用格式是"宏组名.宏名"。

通过窗体、报表或控件上发生的"事件"触发相应的宏或事件过程,使之投入运行。操作步骤是在设计视图中打开窗体或报表;创建宏或事件过程;将窗体、报表或控件的有关事件属性设置为宏的名称或事件过程;运行窗体、报表,如果发生相应事件,则会自动运行设置的宏或事件过程。

5. 答：名称为 AutoExec 的宏将在打开该数据库时自动运行,如果要取消自动运行,则在打开数据库时按住 Shift 键即可。

6. 答：宏是操作命令的集合。宏中的操作命令可以组织成子宏(Submacro)或宏组(Group)的形式,子宏可以直接运行,但宏组不能直接运行,它只是宏的一种组织方式。

习题 10 模块与 VBA 程序设计

一、选择题

1. 以下关于模块的说法,不正确的是(   )。

   A. 窗体模块和报表模块属于类模块,它们从属于各自的窗体或报表

   B. 窗体模块和报表模块具有局部特性,其作用范围局限在所属窗体或报表的内部

   C. 窗体模块和报表模块中的过程可以调用标准模块中已经定义好的过程

   D. 窗口模块和报表模块的生命周期伴随着应用程序的打开而开始、关闭而结束

2. 以下关于标准模块的说法不正确的是(   )。

   A. 标准模块一般用于存放其他 Access 数据对象使用的公共过程

   B. 在 Access 系统中可以通过创建新的模块对象进入其代码设计环境

   C. 标准模块所有的变量和函数都具有全局特性,是公共的

   D. 标准模块的生命周期伴随着应用程序的打开而开始、关闭而结束

3. 窗体模块和报表模块都属于(   )。

   A. 类模块　　　　　B. 标准模块　　　　　C. 过程模块　　　　　D. 函数模块

4. 在模块中执行宏 macro1 的格式为(   )。

   A. Function. RunMacro　　　　　　　　B. DoCmd. RunMacro

   C. Sub. RunMacro macro1　　　　　　　D. RunMacro macro1

5. 以下关于变量的叙述,错误的是( )。

A. 变量的命名同字段的命名一样,但变量名不能包含有空格或除了下画线符号以外的任何其他的标点符号

B. 变量名不能使用 VBA 的关键字

C. VBA 中对变量名的大小写敏感,变量名 Newyear 和 newyear 代表的是两个不同的变量

D. 根据变量直接定义与否,将变量划分为隐含型变量和显式变量

6. 在下列给出的选项中,非法的变量名是( )。

A. Sum   B. Integer_2   C. Rem   D. Form1

7. 以下将变量 NewVar 定义为 Interger 型的选项正确的是( )。

A. Interger NewVar   B. Dim NewVar Of Integer

C. Dim NewVar As Integer   D. Dim Interger NewVar

8. 使用 Dim 声明变量,若省略"As 类型",则所创建的变量默认为( )。

A. Integer   B. String   C. Variant   D. 不合法变量

9. 在 VBA 中定义符号常量可以用关键字( )。

A. Const   B. Dim   C. Public   D. Static

10. 在 VBA 中定义局部变量可以用关键字( )。

A. Const   B. Dim   C. Public   D. Static

11. 定义了 10 个整数构成的数组,数组元素为 NewArray(1)至 NewArray(10)的选项是( )。

A. Dim NewArray(10) As Integer   B. Dim NewArray(1 to 10) As Integer

C. Dim NewArray(10) Integer   D. Dim NewArray(1 to 10) Integer

12. 定义了三维数组 $A(5,5,5)$,则该数组的元素个数为( )。

A. 15   B. 25   C. 125   D. 216

13. VBA 的逻辑值在进行算术运算时,True 值被当作( )。

A. 0   B. -1 C. 1   D. 任意值

14. 表达式""教授"<"助教""返回的值是( )。

A. True   B. False   C. -1 D. 0

15. 表达式"13+4" & "=" & (13+4)的运算结果为( )。

A. 13+4   B. &13+4   C. (13+4)&   D. 3+4=17

16. 以下可以得到"2+6=8"的结果的 VBA 表达式是( )。

A. "2+6" & "=" & 2+6   B. "2+6"+"="+2+6

C. 2+6 & "=" & 2+6   D. 2+6 +"=" + 2+6

17. 表达式"$y=\text{Int}(x+0.5)$"的功能是( )。

A. 将变量 x 保留小数点后 1 位   B. 将变量 x 四舍五入取整

C. 将变量 x 保留小数点后 5 位   D. 舍去变量 x 的小数部分

18. 表达式"10.2\5"返回的值是( )。

A. 0   B. 1   C. 2   D. 2.04

19. 函数 Len("Access 数据库")的值是(　　)。

    A. 9　　　　　　　B. 12　　　　　　　C. 15　　　　　　　D. 18

20. VBA 表达式 Chr(Asc(Ucase('abodefg')))返回的值是(　　)。

    A. A　　　　　　　B. 97　　　　　　　C. a　　　　　　　D. 65

21. 函数 Right(Left(Mid("Access_DataBase",10,3),2),1)的值是(　　)。

    A. a　　　　　　　B. B　　　　　　　C. t　　　　　　　D. 空格

22. VBA 表达式 IIf(0，20，30)的值为(　　)。

    A. 20　　　　　　　B. 30　　　　　　　C. 25　　　　　　　D. 10

23. 以下内容中不属于 VBA 提供的数据验证函数是(　　)。

    A. IsText　　　　　B. IsDate　　　　　C. IsNumeric　　　　D. IsNull

24. 可以判定某个日期表达式能否转换为日期或时间的函数是(　　)。

    A. CDate　　　　　B. IsDate　　　　　C. Date　　　　　D. IsText

25. 在下列逻辑表达式中,能正确表示条件"m 和 n 至少有一个为偶数"的是(　　)。

    A. m Mod 2 = 1 Or n Mod 2 = 1　　　　B. m Mod 2 = 1 And n Mod 2 = 1

    C. m Mod 2 = 0 Or n Mod 2 = 0　　　　D. m Mod 2 = 0 And n Mod 2 = 0

26. 以下有关优先级的比较,正确的是(　　)。

    A. 算术运算符＞关系运算符＞连接运算符

    B. 算术运算符＞连接运算符＞逻辑运算符

    C. 连接运算符＞算术运算符＞关系运算符

    D. 逻辑运算符＞关系运算符＞算术运算符

27. 以下程序段运行后,消息框中的输出结果是(　　)。

```
a = Sqr(5)
b = Sqr(4)
c = a > b
MsgBox c + 2
```

    A. −1　　　　　　　B. 1　　　　　　　C. 2　　　　　　　D. 出错

28. 在语句 SELECT Case x 中,x 为一个整型变量,则下列 Case 语句中,表达式错误的是(　　)。

    A. Case Is ＞ 20　　　　　　　B. Case 1 To 10

    C. Case 2，4，6　　　　　　　D. Case x ＞ 10

29. 运行下列程序段,结果是(　　)。

```
For m = 10 to 1 Step 0
  k = k + 3
Next m
```

    A. 形成死循环　　　　　　　B. 循环体不执行即结束循环

    C. 出现语法错误　　　　　　　D. 循环体执行一次后结束循环

30. 假设有以下循环结构:

```
Do Until 条件
    循环体
```

```
Loop
```

则下列叙述正确的是( )。

    A. 如果条件值为 0,则一次循环体也不执行

    B. 如果条件值为 0,则至少执行一次循环体

    C. 如果条件值不为 0,则至少执行一次循环体

    D. 不论条件是否为 0,至少要执行一次循环体

31. 对于程序段:

```
D = #2010 - 8 - 1#
T = #12:08:20#
M = Month(D)
S = Second(T)
```

M 和 S 的返回值分别是( )。

    A. 2004、12   B. 8、20   C. 1、8   D. 8、8

32. 对于程序段:

```
For S = 5 TO 10
  S = 2 * S
Next S
```

该循环执行的次数为( )。

    A. 1   B. 2   C. 3   D. 4

33. 对于程序段:

```
Str = "计算机科学技术"
Str = Mid(Str, 5)
```

Str 的返回值是( )。

    A. 计算机科学   B. 机科学技术   C. 计算   D. 学技术

34. 在 VBE 的立即窗口中输入以下命令,输出结果是( )。

```
Y = 10
x = y = 5
? x
```

    A. True   B. False   C. 10=5   D. 语句有错

35. 在 VBA 定时操作中需要创建窗体的"计时器间隔"属性值,其计量单位是( )。

    A. 微秒   B. 毫秒   C. 秒   D. 分钟

36. 如果在被调用的过程中改变了形参变量的值,但又不影响实参变量本身,这种参数传递方式称为( )。

    A. 按值传递   B. 按地址传递

    C. ByRef 传递   D. 按形参传递

37. 在定义有参函数时,要想实现某个参数的双向传递,应当说明该形参为传址调用形式,其设置选项是( )。

    A. ByVal   B. ByRef   C. Optional   D. ParamArray

38. Sub 过程和 Function 过程最根本的区别是(　　)。

　　A. Sub 过程的过程名不能返回值,而 Function 过程能通过过程名返回值

　　B. Sub 过程可以使用 Call 语句或直接使用过程名,而 Function 过程不能

　　C. 两种过程参数的传递方式不同

　　D. Function 过程可以有参数,Sub 过程不能有参数

39. 在 VBA 中用实参 x 和 y 调用有参过程 PPSum(a,b)的正确形式是(　　)。

　　A. PPSum a,b　　　　　　　　　　B. PPSum x,y

　　C. Call PPSum(a,b)　　　　　　　D. Call PPSum x,y

40. 要想在调用过程 Proc 后返回形参 x 和 y 的变化结果,下列定义语句正确的是(　　)。

　　A. Sub Proc (x As Integer,y As Integer)

　　B. Sub Proc(ByVal x As Integer,y As Integer)

　　C. Sub Proc(x As Integer,ByVal y As Integer)

　　D. Sub Proc(ByVal x As Integer,ByVal y As Integer)

41. 在 Access 中,如果变量定义在模块的过程内部,当过程代码执行时才可见,则这种变量的作用域为(　　)。

　　A. 程序范围　　　　B. 全局范围　　　　C. 模块范围　　　　D. 局部范围

42. 下面的过程运行之后,变量 J 的值为(　　)。

```
Private Sub Fun()
    Dim J As Integer
    J = 5
    DO
        J = J + 2
    Loop While J > 10
End Sub
```

　　A. 5　　　　　　B. 7　　　　　　C. 9　　　　　　D. 11

43. 下面的过程运行之后,变量 J 的值为(　　)。

```
Private Sub Fun()
    Dim J As Integer
    J = 2
    DO
        J = J * 3
    Loop While J < 15
End Sub
```

　　A. 2　　　　　　B. 6　　　　　　C. 15　　　　　　D. 18

44. 假定有以下程序段:

```
n = 0
For a = 1 To 5
For b = 2 To 10 Step 2
    n = n + 1
Next b
Next a
```

运行完毕后,*n* 的值为(　　)。

  A. 0   B. 1   C. 10   D. 25

45. 假定有以下程序段:

```
For i = 1 To 3
  n = 0
  For j = -4 To -1
     n = n + 1
  Next j
Next i
```

运行完毕后,*n* 的值为(　　)。

  A. 0   B. 3   C. 4   D. 12

46. 假定有以下函数过程:

```
Function Fun(S As String) As string
   Dim s1 As string
   For i = 1 To Len(S)
      sl = Ucase(Mid(S, i, 1)) + s1
   Next i
   Fun = s1
End Function
```

Fun("abcdefg")的输出结果为(　　)。

  A. abcdefg   B. ABCDEFG   C. gfedcba   D. GFEDCBA

47. 下面的 Main 过程运行之后,变量 J 的值为(　　)。

```
Private Sub Mainsub()
   Dim J As Integer
   J = 5
   Call GetData(J)
End Sub
Private Sub GetData(ByRef f As Integer)
   f = f * 2 + Sgn(-1)
End Sub
```

  A. 5   B. 7   C. 9   D. 10

48. 设有以下 VBA 程序段:

```
sum = 0
n = 0
For i = 1 To 5
  x = n/i
  n = n + 1
  sum = sum + x
Next i
```

以上 For 循环计算 sum,完成的表达式是(　　)。

  A. 1+1/1+2/3+3/4+4/5   B. 1+1/2+1/3+1/4+1/5

  C. 1/2+2/3+3/4+4/5   D. 1/2+1/3+1/4+1/5

49. 在窗体上添加一个命令按钮(名称为 Command1),然后编写以下事件过程:

```
Private Sub Command1_Click()
For i = 1 To 4
  x = 4
  For j = 1 To 3
    x = 3
    For k = 1 To2
      x = x + 6
    Next k
  Next j
Next i
MsgBox x
End Sub
```

打开窗体后,单击命令按钮,消息框的输出结果是(　　)。

    A. 7　　　　　　　　B. 15　　　　　　　　C. 157　　　　　　　　D. 538

50. 在窗体中有一个命令按钮 Command1,编写事件代码如下:

```
Private Sub Command1_Click()
Dim s As Integer
s = p(1) + p(2) + p(3) + p(4)
debug.Print s
End Sub
Public Function p(N As Integer)
Dim Sum As Integer
Sum = 0
For i = 1 To N
  Sum = Sum + i
Next i
p = Sum
End Function
```

打开窗体运行后,单击命令按钮,输出的结果是(　　)。

    A. 15　　　　　　　　B. 20　　　　　　　　C. 25　　　　　　　　D. 35

51. 假设有以下 Sub 过程:

```
Sub sfun( x As Single, y As Single )
t = x
x = t/y
y = t Mod y
End Sub
```

在窗体中添加一个命令按钮(名称为 Command1),编写以下事件过程:

```
Private Sub Command1_Click()
Dim a As Single
Dim b As Single
a = 5
b = 4
sfun( a,b )
MsgBox a & Char(10) + Chr(13) & b
End Sub
```

打开窗体运行后,单击命令按钮,在消息框中有两行输出,内容分别为(　　　)。

  A. 1 和 1　　　　　B. 1.25 和 1　　　　C. 1.25 和 4　　　　D. 5 和 4

52. 在窗体中有一个命令按钮 Command1,对应的事件代码如下:

```
Private Sub Command1_Enter()
Dim num As Integer, a As Integer, b As Integer, i As Integer
For i = 1 To 10
    num = InputBox("请输入数据: ","输入",1)
    If Int(num/2) = num/2 Then
        a = a + 1
    Else
        b = b + 1
    End If
Next i
MsgBox("运行结果: a = " & Str(a) &", b = " & Str(b))
End Sub
```

运行以上事件过程所完成的功能是(　　　)。

  A. 对输入的 10 个数求累加和

  B. 对输入的 10 个数求各自的余数,然后再进行累加

  C. 对输入的 10 个数据分别统计整数和非整数的个数

  D. 对输入的 10 个数据分别统计偶数和奇数的个数

53. 下列过程的功能是通过对象变量返回当前窗体的 RecordSet 属性记录集引用,在消息框中输出记录集的记录(即窗体记录源)个数。

```
Sub GetRecNum( )
  Dim rs As Object
  Set rs = Me.RecordSet
  MsgBox _____
End Sub
```

程序空白处应填写的是(　　　)。

  A. Count　　　　　B. rs.Count　　　　C. RecordCount　　　D. rs.RecordCount

54. 在窗体中有一个名称为 Commamd1 的命令按钮,单击该按钮从键盘接收学生成绩,如果输入的成绩不在 0~100 分之间,则要求重新输入;如果输入的成绩正确,则进入后续程序处理。Commamd1 命令按钮的 Click 事件代码如下:

```
Private Sub Commamd1_Click( )
  Dim flag As Boolean
  result = 0
  flag = True
  Do While flag
    result = Val(InputBox("请输入学生成绩:", "输入"))
    If result >= 0 And result <= 100 Then
        _____
    Else
      MsgBox "成绩输入错误,请重新输入"
    End If
```

```
    Loop
    Rem 成绩输入正确后的程序代码略
End Sub
```

在程序中有一空白处,需要输入一条语句使程序完成其功能。下列选项中错误的语句是(   )。

    A. flag＝False   B. flag＝Not flag C. flag＝True   D. Exit Do

55. ADO 的含义是(   )。

    A. 开放数据库互连应用编程接口   B. 数据库访问对象

    C. 动态链接库   D. Active 数据对象

56. 在 ADO 对象模型中可以打开 RecordSet 对象的是(   )。

    A. 只能是 Connection 对象

    B. 只能是 Command 对象

    C. 可以是 Connection 对象和 Command 对象

    D. 不存在

57. 下列程序段的功能是将"学生"表中"年龄"字段的值加 1:

```
Dim Str As String
Str = " = _____ "
DoCmd.RunSQL Str
```

空白处应输入的程序代码是(   )。

    A. 年龄＝年龄+1   B. UPDATE 学生 SET 年龄＝年龄+1

    C. SET 年龄＝年龄+1   D. EDIT 年龄＝年龄+1

58. 窗体上添加 3 个命令按钮,分别命名为 Command1、Command2 和 Command3。编写 Command1 的单击事件过程,完成的功能为当单击按钮 Command1 时,按钮 Command2 可用,按钮 Command3 不可见,下列程序代码正确的是(   )。

    A. Private Sub Command1_Click( )   B. Private Sub Command1_Click( )

        Command2.Visible＝True   Command2.Enabled＝True

        Command3.Visible＝False   Command3.Enabled＝False

        End Sub   End Sub

    C. Private Sub Command1_Click( )   D. Private Sub Command1_Click( )

        Command2.Enabled＝True   Command2.Visible ＝ True

        Command3.Visible＝False   Command3.Enabled ＝ False

        End Sub   End Sub

59. 调试程序的目的在于(   )。

    A. 验证程序代码的正确性   B. 执行程序代码

    C. 查看程序代码中的变量   D. 查找和解决程序代码中的错误

60. 在 VBA 中不能进行错误处理的语句结构是(   )。

    A. On Error Then 标号   B. On Error Goto 标号

    C. On Error Resume Next   D. On Error Goto 0

二、填空题

1. VBA 的全称是_____。

2. 如果定义了二维数组 $A(2\ to\ 5, 5)$，则该数组的元素个数为_____。

3. 用户定义的数据类型可以用_____关键字进行说明。

4. 在 VBA 中双精度的类型标识是_____。

5. VBA 的逻辑值在表达式中进行算术运算时，True 值被当作_____来处理、False 值被当作_____来处理。

6. 在 VBA 中，如果要得到[15,75]区间的随机整数，可以用表达式_____。

7. VBA 中的 3 种选择函数是_____、_____和_____。

8. VBA 提供了多个用于数据验证的函数。其中，IsDate 函数用于_____；_____函数用于判定输入数据是否为数值。

9. VBA 中变量的作用域分为 3 个层次，这 3 个层次的变量是_____、_____和_____。

10. 在模块的说明区域中，用_____关键字说明的变量是模块范围的变量；用_____或_____关键字说明的变量是全局范围的变量。

11. 如果要在程序或函数的实例间保留局部变更的值，可以用_____关键字代替 Dim。

12. 在 VBA 语言中，函数 InputBox 的功能是_____；_____函数的功能是显示消息信息。

13. VBA 中的 3 种流程控制结构是_____、_____和_____。

14. VBA 的有参过程定义，形参用_____说明，表明该形参为传值调用；形参用 ByRef 说明，表明该形参为_____。

15. 设有以下代码：

```
x = 1
Do
    x = x + 2
Loop Until _____
```

运行程序，要求循环体执行 3 次后结束循环，在空白处输入适当语句。

16. 有以下 VBA 代码，运行结束后，变量 n 的值是_____，变量 i 的值是_____。

```
n = 0
For i = 1 To 3
  For j = -4 To -1
    n = n + 1
  Next j
Next i
```

17. 运行子过程 TestParm，在立即窗口中的输出结果为_____。

```
Sub TestParm()
Dim str As String
str = "中国"
Call SubParm(str)
```

```
Debug.Print str
End Sub
Sub SubParm(ByRef pstr As String)
pstr = "China"
End Sub
```

18. 设有以下窗体单击事件过程：

```
Private Sub Form_Click()
  a = 1
  For i = 1 To 3
  Select Case i
  Case 1,3
    a = a + 1
  Casw 2,4
    a = a + 2
  End Select
  Next i
  MsgBox a
End Sub
```

打开窗体运行后，单击窗体，则消息框中的输出内容是_____。

19. 调用子过程 GetAbs 后，消息框中显示的内容为_____。

```
Sub GetAbs()
Dim x
x = -5
If x > 0 Then
  x = x
Else
  x = -x
End If
MsgBox x
End Sub
```

20. 在窗体中添加一个命令按钮 Command1 和一个文本框 Text1，编写事件代码如下：

```
Private Sub Command1_Click()
Dim a As Integer, y As Integer, z As Integer
x = 5 : y = 7 : z = 0
Me! Text1 = ""
Call p1(x,y,z)
Me! Text1 = z
End Sub
Sub p1(a As integer, b As Integer, c As Integer)
c = a + b
End Sub
```

打开窗体后，单击命令按钮，文本框中显示的内容是_____。

21. 在窗体中有命令按钮 Command1，编写其 Click 事件代码，实现的功能是接收从键盘输入的 10 个大于 0 的整数，找出其中的最大值和对应的输入位置。请根据上述功能要求将程序补充完整。

```
Private Sub Command1_Click()
max = 0
max_n = 0
For i = 1 To 10
    num = Val(InputBox("请输入第" & I & "个大于 0 的整数："))
    If num > max Then
        _____
        max_n = _____
    End If
Next i
MsgBox("最大值为第" & max_n & "个输入的" & max)
End Sub
```

22. 在进行 ADO 数据库编程时,用来指向查询数据时返回的记录集对象是_____。

23. RecordSet 对象有两个属性用来判断记录集的边界,其中,判断记录指针是否在最后一条记录之后的属性是_____。

24. ADO 的 3 个核心对象是_____、_____、_____。

25. 为了建立与数据库的连接,必须调用连接对象的_____方法,连接建立后,可利用连接对象的_____方法来执行 SQL 语句。

26. RecordSet 对象的_____方法可以用来新建记录。

27. RecordSet 对象没有包含任何记录,则 RecordCount 属性的值为_____,并且 BOF 和 EOF 的属性为_____。

28. 若要判断记录集对象 rst 是否已到文件尾,则条件表达式是_____。

29. 判断记录指针是否到了记录集的末尾的属性是_____,向下移动指针可调用记录集对象的_____方法来实现。

30. 关闭连接并彻底释放所占用的系统资源,应调用连接对象的_____方法,并使用_____语句来实现。

31. 若要删除记录,可以通过记录集对象的_____方法来实现,也可以通过_____对象执行 SQL 的_____语句来实现。

32. 已知数列的递推公式如下:

$$f(n) = 1 \qquad\qquad n = 0,1$$
$$f(n) = f(n-1) + f(n-2) \quad n > 1$$

按照递推公式可得到数列 $1,1,2,3,5,8,13,\cdots$。现要求从键盘输入 n 值,输出对应项的值。例如,当输入 n 为 8 时,应该输出 34。请将下列程序补充完整。

```
Private Sub run1_Click()
f0 = 1
f1 = 1
num = Val(InputBox("请输入一个大于 2 的整数："))
For n = 2 To _____
    f2 = _____
    f0 = f1
    f1 = f2
Next n
MsgBox f2
End Sub
```

33. "秒表"窗体中有两个按钮("开始/停止"按钮 bOK,"暂停/继续"按钮 bPus);一个显示计时的标签 lNum;将窗体的"计时器间隔"设为 100,将计时精度设为 0.1 秒。

要求:打开窗体如图 2-14 所示,第 1 次单击"开始/停止"按钮,从 0 开始滚动显示计时(见图 2-15);10 秒时单击"暂停/继续"按钮,显示暂停(见图 2-16),但计时还在继续;若 20 秒后再次单击"暂停/继续"按钮,计时会从 30 秒开始继续滚动显示;第 2 次单击"开始/停止"按钮,计时停止,显示最终时间(见图 2-17)。若再次单击"开始/停止"按钮,则可以重新从 0 开始计时。

图 2-14 "秒表"窗体界面之一

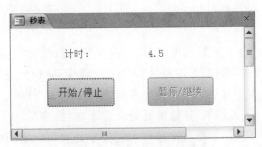

图 2-15 "秒表"窗体界面之二

图 2-16 "秒表"窗体界面之三

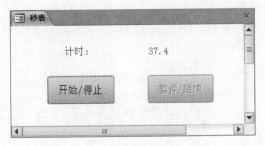

图 2-17 "秒表"窗体界面之四

相关的事件程序如下,请补充程序。

```
Option Compare Database
Dim flag, pause As Boolean
Private Sub bOK_Click()
flag = _____
Me! bOK. Enabled = True
Me! bPus. Enabled = flag
End Sub
Private Sub bPus_Click()
pause = Not pause
Me! bOK. Enabled = Not Me! bOK. Enabled
End Sub
Private Sub Form_Open(Cancel As Integer)
flag = False
pause = False
Me! bOK. Enabled = True
Me! bPus. Enabled = False
End Sub
```

习题选解

```
Private Sub Form_Timer()
Static count As Single
If flag = True Then
  If pause = False Then
   Me! lNum. Caption = Round(count, 1)
  End If
  count = _____
Else
  count = 0
End If
End Sub
```

34. 数据库中有"学生成绩"表,包括"姓名""平时成绩""考试成绩""期末总评"等字段。现要根据"平时成绩"和"考试成绩"对学生进行"期末总评",规定"平时成绩"加"考试成绩"大于等于85分,则期末总评为"优";"平时成绩"加"考试成绩"小于60分,则期末总评为"不及格";其他情况期末总评为"合格"。

下面的程序按照上述要求计算每名学生的期末总评,请补充程序。

```
Private Sub Command0_Click()
Dim db As DAO. Database
Dim rs As DAO. RecordSet
Dim pscj, kscj, qmzp As DAO. Field
Dim count As Integer
Set db = CurrentDb()
Set rs = db. OpenRecordSet("学生成绩")
Set pscj = rs. Fields("平时成绩")
Set kscj = rs. Fields("考试成绩")
Set qmzp = rs. Fields("期末总评")
count = 0
Do While Not rs. EOF

  _____
  If pscj + kscj > = 85 Then
    qmzp = "优"
  ElseIf pscj + kscj < 60 Then
    qmzp = "不及格"
  Else
    qmzp = "合格"
  End If
  rs. Update
  count = count + 1

  _____
Loop
rs. Close
db. Close
Set rs = Nothing
Set db = Nothing
MsgBox "学生人数: " & count
End Sub
```

35. "成绩"表中含有"学号""姓名""数学""外语""专业""总分"等字段,下列程序的功能是计算每名学生的总分(总分＝数学＋外语＋专业)。请在程序空白处输入适当语句,使程序实现所需要的功能。

```
Private Sub Command1_Click( )
Dim cn As New ADODB.Connection
Dim rs As New ADODB.RecordSet
Dim zongfen As New ADODB.Field
Dim shuxue As New ADODB.Field
Dim waiyu As New ADODB.Field
Dim zhuanye As New ADODB.Field
Dim strSQL As Sting
Set cn = CurrentProject.Connection
StrSQL = "SELECT * FROM 成绩"
rs.Open strSQL,cn,adOpenDynamic,adLockOptimistic,adCmdText
Set zongfen = rs.Fields("总分")
Set shuxue = rs.Fields("数学")
Set waiyu = rs.Fields("外语")
Set zhuanye = rs.Fields("专业")
Do While _____
   Zongfen = shuxue + waiyu + zhuanye

   _____
   rs.MoveNext
Loop
rs.Close
cn.Close
Set rs = Nothing
Set cn = Nothing
End Sub
```

36. VBA 的错误处理主要使用_____语句结构。

37. On Error Goto 0 语句的含义是_____。

38. On Error Resume Next 语句的含义是_____。

三、问答题

1. 在 Access 中,既然已经提供了宏操作,为什么还要使用 VBA?

2. 什么是类模块和标准模块? 它们的特征是什么?

3. 什么是函数过程? 什么是子过程?

4. 什么是形参和实参? 过程中参数的传递有哪几种? 它们之间有什么不同?

5. 什么是变量的作用域和生存期? 它们是如何分类的?

6. 什么是事件过程? 它有什么特点?

7. 以下程序的作用是什么?

```
Private Sub Form_Click()
  Dim max As Integer, min As Integer
  Dim I As interger, x As Integer, s As interger
  Dim j As single
  max = 0
  min = 10
  For i = 1 To 10
```

```
        x = Val(InputBox("请输入分数："))
        If x > max Then max = x
        If x < min Then min = x
        s = s + x
    Next i
    s = s - max - min
    j = s/8
    MsgBox "最后得分" + j
End Sub
```

8. 在数据库编程中常用的数据接口有哪些？各有什么特点？

9. ADO 对象模型主要包括哪些对象？

10. 使用 ADO 对象模型对数据库编程的基本步骤是什么？

四、应用题

1. 编写程序，要求输入一个 3 位整数，将它反向输出。例如，输入 123，输出为 321。

2. 火车站行李费的收费标准是 50kg 以内(包括 50kg)，每公斤 0.2 元，超过部分每公斤 0.5 元，编写程序，要求根据输入的任意重量计算出应付的行李费。

3. 在"图书管理"数据库中设计一个"用户登录"窗体，要求输入用户名和密码，如果用户名或密码为空，则给出提示，重新输入；如果用户名和密码不正确，则给出错误提示，结束程序的运行；如果用户名和密码正确，则进入图书管理系统的"主界面"窗体。

4. 利用 IF 语句求 X、Y、Z 3 个数中的最大数，并将其放入 Max 变量中。

5. 使用 Select Case 结构将一年中的 12 个月份分成 4 个季节输出。

6. 求 100 以内的素数。

7. 利用 ADO 对象对"教学管理"数据库中的"课程"表完成以下操作。

(1) 添加一条记录："Z0004"，"数据结构"，1。

(2) 查找课程名为"数据结构"的记录，并将其学分更新为 3。

(3) 删除课程号为"Z0004"的记录。

参 考 答 案

一、选择题

1. D	2. C	3. A	4. B	5. C	6. C	7. C	8. C
9. A	10. B	11. B	12. D	13. B	14. A	15. D	16. A
17. B	18. C	19. A	20. A	21. A	22. B	23. A	24. B
25. C	26. B	27. B	28. D	29. B	30. D	31. B	32. A
33. D	34. B	35. B	36. A	37. B	38. A	39. D	40. A
41. D	42. B	43. D	44. D	45. C	46. D	47. C	48. C
49. B	50. B	51. B	52. D	53. D	54. C	55. D	56. C
57. B	58. C	59. D	60. A				

二、填空题

1. Visual Basic for Application

2. 24

3. Type…End Type

4. Double

5. -1、0

6. Int(Rnd * 61+15)

7. IIf、Switch、Choose

8. 合法日期验证、IsNumeric

9. 局部变量、模块变量、全局变量

10. Private、Public、Global

11. Static

12. 输入数据对话框、MsgBox

13. 顺序结构、选择结构、循环结构

14. ByVal、传地址调用

15. x=7 或 x>=7 或 x>6 或 x>=6 或 x>5

16. 12、4

17. China

18. 5

19. 5

20. 12

21. max=num、i

22. RecordSet

23. EOF

24. Connection、RecordSet、Command

25. Open、Execute

26. AddNew

27. 0、True

28. Not rst. EOF

29. EOF、MoveNext

30. Close、Set

31. Delete、Connection、Delete

32. num、f0+f1

33. Not Flag、count+0. 1

34. rs. Edit、rs. MoveNext

35. Not rs. EOF、rs. Update

36. On Error

37. 取消错误处理

38. 忽略错误并执行下一条语句

三、问答题

1. **答**：在 Access 中，宏提供的是常用的操作，并未包含所有操作。用户在表示一些自己需要的特定操作时，仍需使用 VBA 代码编写其操作。

2. **答**：类模块是与类对象相关联的模块,也称为类对象模块。类模块是可以定义新对象的模块。新建一个类模块,表示新创建了一个对象,通过类模块的过程可以定义对象的属性和方法。Access 的类模块有 3 种基本形式,即窗体类模块、报表类模块和自定义类模块。

标准模块是指可在数据库中公用的模块,模块中包含的主要是公共过程和常用过程,这些公用过程不与任何对象相关联,可以被数据库中的任何对象使用,可以在数据库中的任何位置执行。常用过程是类对象经常使用的过程,需要多次调用的过程。一般情况下,Access 中所说的模块是指标准模块。

类模块一般用于定义窗体、报表中某个控件事件的响应行为,通常通过私有过程来定义,类模块可以通过对象事件操作直接调用。

标准模块一般用来定义数据库、窗体、报表中多次执行的操作,通常通过公有过程来定义,标准模块通过函数过程名来调用。

3. **答**：函数过程又称为 Function 过程,简称函数。函数过程具有函数值,该值可以在表达式中使用,它以关键字 Function 开始,以 End Function 语句结束,中间用 VBA 语句定义模块的操作行为、计算方法等。

Sub 过程又称子过程,一般用来定义执行一种数据库操作任务,Sub 过程没有返回值,它以 Sub 开始,以 End Sub 语句结束,中间用 VBA 语句定义模块的操作行为、计算方法等。

4. **答**：过程或函数声明中的形式参数列表简称形参,形参可以是变量名(后面不加括号)或数组名(后面加括号)。如果子过程没有形式参数,则子程序名后面必须跟一个空的圆括号。

过程或函数在调用时,其实际参数列表简称为实参,它与形式参数的个数、位置和类型必须一一对应,在调用时把实参的值传递给形参。

在 VBA 中实参与形参的传递方式有两种,即引用传递和按值传递。

在形参前面加上 ByRef 关键字或省略不写,表示参数传递是引用传递方式,引用传递方式是将实参的地址传递给形参,也就是实参和形参共用同一个内存单元,它是一种双向的数据传递,即调用时实参将值传递给形参,调用结束后由形参将操作结果返回给实参。引用传递的实参只能是变量,不能是常量或表达式。

在形参前面加上 ByVal 关键字时,表示参数是按值传递方式,它是一种单向的数据传递,即调用时只能由实参将值传递给形参,调用结束后不能由形参将操作结果返回给实参。实参可以是常量、变量或表达式。

5. **答**：变量可以被访问的范围称为变量的作用范围,也称为变量的作用域。根据声明语句和声明变量的位置不同,可以将变量的作用域分为 3 个层次,即局部范围、模块范围和全局范围。

变量的生存期是指变量从存在(执行变量声明并分配内存单元)到消失的时间段。按生存期分类,变量可以分为动态变量和静态变量两种类型。

6. **答**：事件过程是一种特殊的 Sub 过程,它以指定控件及所响应的事件名称直接命名。该过程用于响应窗体或报表中的事件,其中,使用 VBA 语言编写用来完成事件发生时所进行的操作。事件过程一般是通过响应用户的操作来实现的。

7. **答**：该程序的功能是从 10 个分数中去掉最高分和最低分,并求剩下 8 个分数的平均分。

8. **答**：在数据库编程中常用的数据库接口技术有 ODBC、DAO、ADO 等。

ODBC 是 Microsoft 公司开放服务结构中有关数据库的一个组成部分，它建立了一组规范，并提供了一组对数据库访问的标准 API。DAO 即数据访问对象，它是 VB 最早引入的数据访问技术，普遍使用 Microsoft Jet 数据库引擎，并允许 VB 开发者像通过 ODBC 对象直接连接到其他数据库一样直接连接到 Access 表。ADO 又称为 ActiveX 数据对象，它是 Microsoft 公司开发数据库应用程序面向对象的新接口。ADO 是 DAO/RDO 的后继产物，它扩展了 DAO 所使用的对象模型，具有更加简单、更加灵活的操作性能。

9. **答**：在 ADO 2.1 以前的 ADO 对象模型中有 7 个对象，即 Connection、Command、RecordSet、Error、Parameter、Field、Property，而 ADO 2.5 以后(包括 2.6、2.7、2.8 版)新增加了两个对象，即 Record 和 Stream。ADO 对象模型定义了一个分层的对象集合，这种层次结构表明对象之间的相互联系，Connection 对象包含 Errors 和 Properties 子对象集合，它是一个基本的对象，所有其他对象模型都来源于它。Command 对象包含 Parameters 和 Properties 对象集合。RecordSet 对象包含 Fields 和 Properties 对象集合，而 Record 对象可来源于 Connection、Command 或 RecordSet 对象。

10. **答**：首先使用 Connection 对象建立与数据源的连接；然后使用 Command 对象执行对数据源操作的命令，通常用 SQL 命令；接下来使用 RecordSet、Field 等对象对获取的数据进行查询或更新操作；最后使用窗体中的控件向用户显示操作的结果，关闭连接。

四、应用题

1. **答**：在 Access 中设计的窗体如图 2-18 所示。

图 2-18　将 3 位整数反向输出的窗体界面

"转换"命令按钮的单击事件代码如下：

```
Private Sub cmd_convert_Click()
    Dim v_result As String              '结果变量
    v_result = ""
    If Not IsNumeric(Text0.Value) Then
        MsgBox "输入的不为数值!"
        Exit Sub
    End If
    If Len(Text0.Value) <> 3 Then
        MsgBox "输入的不为 3 位数!"
    End If
    For i = 1 To 3
```

```
        v_result = v_result & Mid(Text0.Value, 3 - i + 1, 1)
    Next i
    MsgBox "结果: " & v_result
End Sub
```

2. **答**：根据题意，行李费的计算公式如下。

当"重量≤=50"时，费用＝重量×0.2；

当"重量＞50"时，费用＝(重量－50)×0.5＋50×0.2。

创建一个名为"VBA 程序设计"的数据库，在数据库中新建一个窗体，窗体界面如图 2-19 所示。

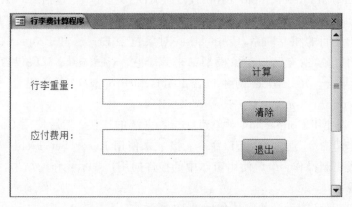

图 2-19 "行李费计算程序"窗体界面

在代码窗口中输入命令按钮的单击事件代码如下：

```
Private Sub cmd 计算_Click()
    Dim sinw As Single                    '变量 sinw 表示行李的重量
    Dim sinp As Single                    '变量 sinp 表示应付的费用
    sinw = txt1.Value
    If sinw > 50 Then
      sinp = (sinw - 50) * 0.5 + 50 * 0.2
    Else
      sinp = sinw * 0.2
    End If
    txt2.Value = sinp
End Sub
Private Sub cmd 清除_Click()
    txt1.Value = ""
    txt2.Value = ""
End Sub
Private Sub cmd 退出_Click()
    DoCmd.Close
End Sub
```

3. **答**：操作步骤如下。

(1) 打开"图书管理"数据库，创建"用户登录"窗体，窗体界面如图 2-20 所示。然后设置窗体的属性，两个文本框的名称分别为 txtUser 和 txtPassword，两个命令按钮的名称分别为"确定"和"取消"，将 txtPassword 文本框的"输入掩码"设置为"密码"。

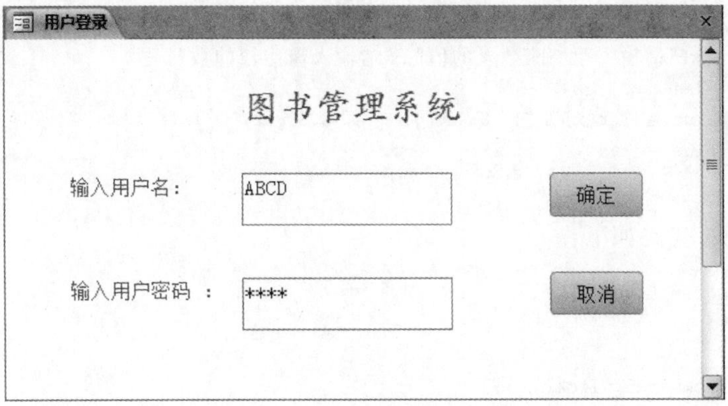

图 2-20 "用户登录"窗体界面

（2）输入"确定"按钮和"取消"按钮的单击事件代码如下：

```
Private Sub cmd确定_Click()
  If Nz(txtPassword) = 0 And Nz(txtUser) = 0 Then
    MsgBox "用户名、密码都为空,请重新输入!", vbCritical, "错误提示"
    txtUser.SetFocus
  ElseIf Nz(txtUser) = 0 Then
    MsgBox "用户名,请重新输入!", vbCritical, "错误提示"
    txtUser.SetFocus
  ElseIf Nz(txtPassword) = 0 Then
    MsgBox "密码为空,请重新输入!", vbCritical, "错误提示"
    txtPasswordD.SetFocus
  Else
    If UCase(txtUser.Value) = "ABCD" And UCase(txtPasswordD.Value) = "ABCD" Then
      MsgBox "欢迎使用本系统!", vbInformation, "成功"
      DoCmd.Close
      DoCmd.OpenForm "主界面"
    ElseIf UCase(txtUser.Value)<>"ABCD" And UCase(txtPasswordD.Value)<>"ABCD" Then
      MsgBox "用户名和密码都错误!", vbCritical, "错误提示"
    ElseIf UCase(txtUser.Value) <> "ABCD" Then
      MsgBox "用户名错误!", vbCritical, "错误提示"
    Else
      MsgBox "密码错误", vbCritical, "错误提示"
    End If
  End If
End Sub
Private Sub cmd取消_Click()
  '关闭窗体
  DoCmd.Close
  '退出 Access 系统
  DoCmd.Quit
End Sub
```

4. 答：VBA 代码如下：

```
Private Sub Command1_Click()
  x = InputBox("请输入第 1 个数 x 的值", "请输入需比较的数")
```

```
    Max = x
    y = InputBox("请输入第 2 个数 y 的值", "请输入需比较的数")
    If y > Max Then Max = y
    z = InputBox("请输入第 3 个数 z 的值", "请输入需比较的数")
    If z > Max Then Max = z
    Me.Text1.Value = Str(x) & "," & Str(y) & "," & Str(z)
    Me.Text3.Value = Max
End Sub
```

5. **答**：VBA 代码如下：

```
Private Sub Form_Load()
  Me.Text1.Value = ""
End Sub
Private Sub Command5_Click()
  Me.Text1.Value = ""
  m% = InputBox("请输入要判断季节的月份的值", "注意：只可为 1～12 之间的整数")
  Select Case m
  '春季
  Case 2 To 4
      Me.Label2.Caption = Trim(Str(m)) & "月份的季节为"
      Me.Text1.Value = "春季"
  '夏季
  Case 5 To 7
      Me.Label2.Caption = Trim(Str(m)) & "月份的季节为"
      Me.Text1.Value = "夏季"
  '秋季
  Case 8 To 10
      Me.Label2.Caption = Trim(Str(m)) & "月份的季节为"
      Me.Text1.Value = "秋季"
  '冬季
  Case 11 To 12, 1
      Me.Label2.Caption = Trim(Str(m)) & "月份的季节为"
      Me.Text1.Value = "冬季"
  Case Else '无效的月份
      Me.Text1.Value = "输入的是无效的月份"
  End Select
End Sub
```

6. **答**：VBA 代码如下：

```
Private Sub Command1_Click()
  Dim m As String
  Me.Text1.Value = ""
  m = "2"
  For i% = 3 To 99 Step 2
    For j% = 2 To i - 1
      Lx% = i Mod j
      If Lx = 0 Then
        Exit For
      End If
    Next
    If j > i - 1 Then
      m = m + "," + Trim(Str(i))
    End If
```

```
  Next
  Me.Text1.Value = m
End Sub
```

7. 答：

(1) 在"教学管理"数据库中添加一条记录的过程如下：

```
Sub AddRecord(C_Number As String, C_Name As String, C_Credit As Integer)
    Dim rs As New ADODB.RecordSet
    Dim conn As New ADODB.Connection
    On Error GoTo GetRS_Error
    Set conn = CurrentProject.Connection
    '打开当前连接
    rs.Open strSQL,conn,adOpenKeyset,adLockOptimistic
    rs.AddNew
    rs.Fields("课程编号").Value = C_Number
    rs.Fields("课程名称").Value = C_Name
    rs.Fields("学分").Value = C_Credit
    rs.Update
    Set rs = Nothing
    Set conn = Nothing
End Sub
```

(2) 查找课程名为"数据结构"的记录，并将其学分更新为 3，其程序实现如下：

```
Sub ExecSQL()
    Dim conn As New ADODB.Connection
    Set conn = CurrentProject.Connection
    strsql = "UPDATE 课程 SET 学分 = 3 WHERE 课程名称 = '数据结构'"
    '打开当前连接
    conn.Execute(strsql)
    Set conn = Nothing
End Sub
```

(3) 删除课程号为"Z0004"的记录，其实现只需将 ExecSQL()过程中的 SQL 语句改为
strsql = "DELETE * FROM 课程 WHERE 课程编号 = 'Z0004'"。

习题 11　数据库应用系统实例

一、选择题

1. 在系统开发的各个阶段中，能够准确地确定软件系统必须做什么和必须具备哪些功能的阶段是(   )。

　　A. 总体设计　　　　B. 详细设计　　　　C. 可行性分析　　　D. 需求分析

2. 系统需求分析阶段的基础工作是(   )。

　　A. 教育和培训　　　B. 系统调查　　　　C. 初步设计　　　　D. 详细设计

3. 需求分析阶段的任务是确定(   )。

　　A. 软件开发方法　　B. 软件开发工具　　C. 软件系统功能　　D. 软件开发费用

4. 在系统开发中，下列不属于系统设计阶段任务的是(   )。

　　A. 确定系统目标　　　　　　　　　　　　B. 确定系统模块结构

C. 定义模块算法　　　　　　　　　D. 确定数据模型

5. 数据库应用系统设计完成后进入系统的实施阶段,(　　　)一般不属于实施阶段的工作。

　　A. 建立表结构　　　B. 系统调试　　　　C. 加载数据　　　　D. 扩充功能

6. 系统设计包括总体设计和详细设计两个部分,下列任务中属于详细设计内容的是(　　)。

　　A. 确定软件结构　　B. 软件功能分解　　C. 确定模块算法　　D. 制订测试计划

二、填空题

1. 数据库应用系统的开发过程一般包括系统需求分析、_____、系统实现、_____、和系统交付 5 个阶段。

2. 数据库应用系统的需求包括对_____的需求和系统功能的需求,它们分别是数据库设计和_____设计的依据。

3. 系统设计阶段的最终成果是_____。

4. "确定表的约束关系以及在哪些属性上建立什么样的索引"属于_____阶段的任务。

5. _____的目的是发现错误、评价系统的可靠性,而调试的目的是发现错误的位置并改正错误。

三、问答题

1. Access 数据库应用系统的开发过程是什么?

2. 数据库应用系统开发的各个阶段的主要任务是什么? 相应的成果是什么?

3. 在进行系统功能设计时,经常采用模块化的设计方法,即将系统分为若干个功能模块,这样做的好处是什么?

4. 程序设计人员的程序调试和系统测试有何区别?

5. 系统交付的内容有哪些?

四、应用题

设计 Access 题库练习系统,设计要求为创建"选择题"表,包括的字段有序号、题干、选择题 A、选择题 B、选择题 C、选择题 D 和答案,用户可答题并自动统计分数。

参 考 答 案

一、选择题

1. D　　　2. B　　　3. C　　　4. A　　　5. D　　　6. C

二、填空题

1. 系统设计、测试

2. 数据、应用程序

3. 系统设计报告

4. 系统设计

5. 测试

三、问答题

1. **答**:数据库应用系统的开发一般包括需求分析、系统设计、系统实现、系统测试和系统交付 5 个阶段,每个阶段应提交相应的文档资料,包括需求分析报告、系统设计报告、系统测试大纲、系统测试报告以及操作使用说明书等。但根据应用系统的规模和复杂程度,在实际开发过程中往往要做一些灵活处理,有时把两个甚至 3 个过程合并进行,不一定完全遵守这样的过程。

2. 答:各个阶段的主要任务如下。

(1) 需求分析阶段。这一阶段的基本任务简单来说有两个,一是摸清现状;二是厘清将要开发的目标系统应该具有哪些功能。其成果为需求分析报告。

(2) 系统设计阶段。这一阶段的主要任务为设计工具和系统支撑环境的选择,包括选择哪种数据库、哪几种开发工具、支撑目标系统运行的软硬件及网络环境等。怎样组织数据也就是数据模型的设计,即设计数据表字段、字段约束关系、字段间约束关系、表间约束关系、表的索引等。系统界面的设计包括菜单、窗体等。系统功能模块的设计,对于一些较为复杂的功能,还应该进行算法设计。其成果为系统设计报告。

(3) 系统实现阶段。这一阶段的任务就是依据前两个阶段的工作具体建立数据库和数据表、定义各种约束,并输入部分数据;具体设计系统菜单、系统窗体、定义窗体上的各种控件对象、编写对象对不同事件的响应代码、编写报表和查询等。其成果为应用程序代码。

(4) 系统测试阶段。这一阶段的任务是验证系统设计与实现阶段中所完成的功能能否稳定、准确地运行,以及验证这些功能是否全面覆盖并正确完成了委托方的需求,从而确认系统是否可以交付运行。其成果为系统测试报告。

(5) 系统交付阶段。这一阶段的任务主要有两个方面,一是全部文档的整理交付;二是对所完成的软件(数据、程序等)打包并形成发行版本,使用户在满足系统所要求的支撑环境的任意一台计算机上按照安装说明就可以安装、运行。

3. 答:把一个信息系统设计成若干模块的方法称为模块化。其基本思想是将系统设计成由相对独立、功能单一的模块组成的结构,从而简化研制工作,防止错误蔓延,提高系统的可靠性。在这种模块结构图中,模块之间的调用关系非常明确、简单。每个模块可以单独地被理解、编写、调试、查错与修改。模块结构在整体上具有较高的正确性、可理解性与可维护性。

4. 答:两者的区别如下。

(1) 测试的目的是找出存在的错误,调试的目的是定位错误、找出错误的原因并修改程序以修正错误;测试活动中发现的缺陷需要通过调试来进行定位;两者在目标、方法和思路上有所不同。

(2) 调试是编码阶段和缺陷修复阶段的活动,测试活动则可以贯穿整个软件的生命周期。

(3) 测试是从已知的条件开始,使用预先定义的过程和步骤,有预知的结果;调试从未知的条件开始,结束时间无法预计。

(4) 测试过程可以事先设计,进度也可以事先确定,调试过程无法描述过程和持续时间。

5. 答:这一阶段的任务主要有两个方面,一是全部文档的整理交付;二是对所完成的软件(数据、程序等)打包并形成发行版本,使用户在满足系统要求的支撑环境的任意一台计算机上按照安装说明就可以安装、运行。

四、应用题

答：设计步骤如下。

(1) 建立"Access 题库练习系统"数据库。

(2) 在数据库中创建表并输入数据，表名为"选择题"，表的结构及数据如图 2-21 所示。

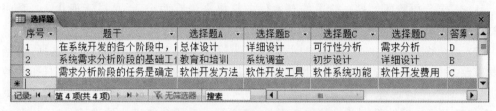

图 2-21　"选择题"表的结构及数据

(3) 创建"题库练习主界面"窗体，如图 2-22 所示。该窗体上放置 5 个命令按钮，名称分别为"选择题""填空题""判断题""计算得分""退出"，并且放置一个名称为 txtScore 的文本框以及两个标签。

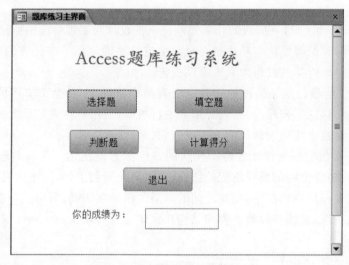

图 2-22　"题库练习主界面"窗体

(4) 创建"选择题"窗体，如图 2-23 所示。该窗体的记录源为"选择题"表，5 个命令按钮的名称分别为"第一题""下一题""上一题""最后一题""退出"，并且有一个名称为 frameA 的选项组，选项组中放置了 4 个选项按钮，名称分别为 opta、optb、optc、optd。

(5) 创建一个标准模块。在 VBE 窗口中选择"插入"→"模块"命令创建一个模块，然后在模块代码窗口中输入以下语句声明 5 个全局变量。

```
Public b(100) As Integer              '对应序号题用户的答案
Public a(100) As Boolean              '对应序号题用户是否答对
Public choice As String
Public icount As Integer
Public n As Integer
```

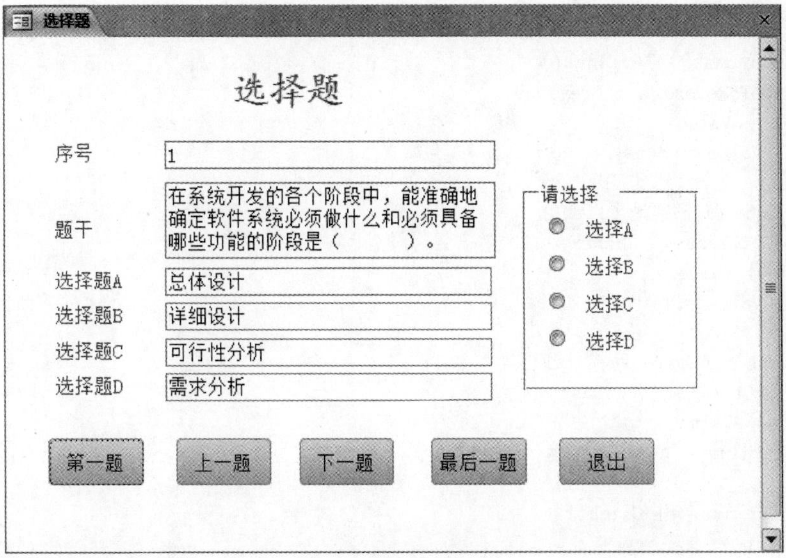

图 2-23　"选择题"窗体

（6）编写"题库练习主界面"窗体中的代码。

```
Private Sub Form_Load()
  txtScore.Value = ""
  txtScore.Visible = False
  icount = 0
End Sub
Private Sub cmd选择题_Click()
  DoCmd.Close
  DoCmd.OpenForm "选择题"
End Sub
Private Sub cmd计算得分_Click()
  For i = 1 To 100
    If a(i) = True Then
      icount = icount + 1
    End If
  Next i
  txtScore.Visible = True
  txtScore.SetFocus
  txtScore.Value = icount
End Sub
Private Sub cmd退出_Click()
  DoCmd.Close
End Sub
```

（7）编写"选择题"窗体中的事件代码。

```
Private Sub cmd第一题_Click()
  n = 1
  DoCmd.GoToRecord, , acFirst
  '决定窗体中的哪个选择按钮被选择,如 b(n) = 0 表示此题未做
```

```
    FrameA.Value = b(1)
End Sub
Private Sub cmd 上一题_Click()
    DoCmd.GoToRecord, , acPrevious
    n = 序号.Value
    FrameA.Value = b(n)
End Sub
Private Sub cmd 下一题_Click()
    DoCmd.GoToRecord, , acNext
    n = 序号.Value
    FrameA.Value = b(n)
End Sub
Private Sub cmd 最后一题_Click()
    DoCmd.GoToRecord, , acLast
    n = 序号.Value
    FrameA.Value = b(n)
End Sub
Private Sub cmd 退出_Click()
    DoCmd.Close
    DoCmd.OpenForm "题库练习主界面"
End Sub
Private Sub opta_MouseDown(Button As Integer, Shift As Integer, X As Single, Y As Single)
    FrameA.Value = 1
    choice = "A"
    selectvalue
End Sub
Private Sub optb_MouseDown(Button As Integer, Shift As Integer, X As Single, Y As Single)
    FrameA.Value = 2
    choice = "B"
    selectvalue
End Sub
Private Sub optc_MouseDown(Button As Integer, Shift As Integer, X As Single, Y As Single)
    FrameA.Value = 3
    choice = "C"
    selectvalue
End Sub
Private Sub optd_MouseDown(Button As Integer, Shift As Integer, X As Single, Y As Single)
    FrameA.Value = 4
    choice = "D"
    selectvalue
End Sub
Sub selectvalue()
    n = 序号.Value
    '将每次选择的答案都保存在 b 数组中
    b(n) = FrameA.Value
    If choice = UCase(答案) Then
        'a(n)中保存答题正确与否
        a(n) = True
    Else
        a(n) = False
    End If
End Sub
```

第 3 部分   模 拟 试 题

模拟试题部分参考全国计算机等级考试 Access 科目的基本要求和考试题型,提供了两套笔试模拟试题和两套机试模拟试题,其中很多题来源于计算机等级考试试卷,旨在帮助读者检验学习效果,熟悉全国计算机等级考试的要求与考试方式。这里需要提醒读者注意,全国计算机等级考试中"计算机基础知识"部分的内容不是本课程的教学内容,需要读者阅读其他相关文献资料。

笔试模拟试题 1

一、选择题

1. 下面关于数据处理的说法,正确的是(　　)。

    A. 数据处理只是对数值进行科学计算

    B. 数据处理是在计算机出现以后才有的

    C. 对数据进行收集、存储、分类、计算、加工、检索和传输等都是数据处理

    D. 应用数据库技术进行数据处理并无优势

2. 一个工作人员可以使用多台计算机,而一台计算机可以被多个工作人员使用,则实体"工作人员"与实体"计算机"之间的联系是(　　)。

    A. 一对一　　　　　　B. 一对多　　　　　　C. 多对多　　　　　　D. 多对一

3. 概念模型描述现实世界中的事物,将事物的特征称为(　　)。

    A. 联系　　　　　　B. 实体　　　　　　C. 属性　　　　　　D. 实体集

4. 在数据库设计中反映用户对数据要求的模式是(　　)。

    A. 内模式　　　　　　B. 概念模式　　　　　　C. 外模式　　　　　　D. 设计模式

5. 有 3 个关系 R、S 和 T 如下:

R		
A	B	C
a	1	2
b	2	1
c	3	1

S	
A	D
c	4

T			
A	B	C	D
C	3	1	4

则由关系 R 和 S 得到关系 T 的操作是(　　)。

    A. 自然连接　　　　　　B. 交　　　　　　C. 投影　　　　　　D. 并

6. 在 Access 中要显示"教师"表中姓名和职称的信息,应采用的关系运算是(　　)。

    A. 选择　　　　　　　　B. 投影　　　　　　　　C. 连接　　　　　　　　D. 关联

7. Access 数据库中最基础的对象是(　　)。

    A. 表　　　　　　　　　B. 宏　　　　　　　　　C. 报表　　　　　　　　D. 查询

8. 下面描述错误的是(　　)。

    A. 能够唯一标识每条记录的字段或字段组合称为关键字

    B. 在 Access 2010 数据库中只能创建一个表

    C. 同一个字段的数据类型必须相同

    D. 同一个表中不允许有重复的字段名

9. 下列关于表的叙述,不正确的是(　　)。

    A. 表属于机器世界

    B. 表中的每行又称为一条记录

    C. 表中的每列称为一个字段

    D. 一个表包含多个数据库

10. 下列关于货币数据类型的叙述中,错误的是(　　)。

    A. 货币型字段在数据表中占 8 字节的存储空间

    B. 货币型字段可以与数字型数据混合计算,结果为货币型

    C. 在向货币型字段输入数据时,系统自动将其设置为 4 位小数

    D. 在向货币型字段输入数据时,不必输入人民币符号和千位分隔符

11. 若将文本型字段的输入掩码设置为"＃＃＃＃-＃＃＃＃＃＃",则正确的输入数据是(　　)。

    A. 0755-abcdet　　　　　　　　　　　　B. 077-12345

    C. acd-123456　　　　　　　　　　　　D. ＃＃＃＃-＃＃＃＃＃＃

12. 如果在查询条件中使用通配符"[ ]",其含义是(　　)。

    A. 错误的使用方法　　　　　　　　　　B. 通配不在括号内的任意字符

    C. 通配任意长度的字符　　　　　　　　D. 通配方括号内的任意单个字符

13. 在 SQL 的 SELECT 语句中,用于实现选择运算的子句是(　　)。

    A. FOR　　　　　　　B. IF　　　　　　　C. WHILE　　　　　D. WHERE

14. 在数据表视图中,不能进行的操作是(　　)。

    A. 删除一条记录　　　　　　　　　　　B. 修改字段的类型

    C. 删除一个字段　　　　　　　　　　　D. 修改字段的名称

15. 下列表达式中计算结果为数值类型的是(　　)。

    A. ＃5/5/2020＃-＃5/1/2020＃　　　　　B. "102">"11"

    C. 102＝98+4　　　　　　　　　　　　D. ＃5/1/2020＃+5

16. 如果在文本框内输入数据,按 Enter 键或 Tab 键后输入焦点可立即移至下一个指定的文本框,应设置(　　)。

    A. "制表位"属性　　　　　　　　　　　B. "Tab 键索引"属性

    C. "自动 Tab 键"属性　　　　　　　　　D. "Enter 键行为"属性

17. 在"成绩"表中要查找"成绩≥80 且成绩≤90"的学生,正确的条件表达式是(   )。

    A. 成绩 Between 80 And 90   B. 成绩 Between 80 To 90

    C. 成绩 Between 79 And 91   D. 成绩 Between 79 To 91

18. 在"学生"表中有"学号""姓名""性别""入学成绩"等字段,执行以下 SQL 命令后的结果是(   )。

SELECT Avg(入学成绩) FROM 学生表 GROUP BY 性别

    A. 计算并显示所有学生的平均入学成绩

    B. 计算并显示所有学生的性别和平均入学成绩

    C. 按性别顺序计算并显示所有学生的平均入学成绩

    D. 按性别分组计算并显示不同性别学生的平均入学成绩

19. 如图 3-1 所示,若要统计各个运动项目的参赛人数,应在"运动员编号"字段的"总计"行中选择(   )。

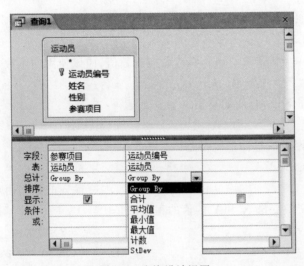

图 3-1　查询设计视图

    A. 平均值   B. 最大值   C. 计数   D. 合计

20. 若在"销售总数"窗体中有"订货总数"文本框控件,能够正确引用控件值的是(   )。

    A. Forms.[销售总数].[订货总数]   B. Forms![销售总数].[订货总数]

    C. Forms.[销售总数]![订货总数]   D. Forms![销售总数]![订货总数]

21. 因修改文本框中的数据而触发的事件是(   )。

    A. Change   B. Edit   C. GetFocus   D. LostFocus

22. 如果要改变窗体中文本框控件的数据源,应设置的属性是(   )。

    A. 记录源   B. 控件来源

    C. 查询   D. 默认值

23. 图 3-2 所示的报表的类型是(   )。

    A. 纵栏式报表   B. 表格式报表

    C. 图表报表   D. 标签报表

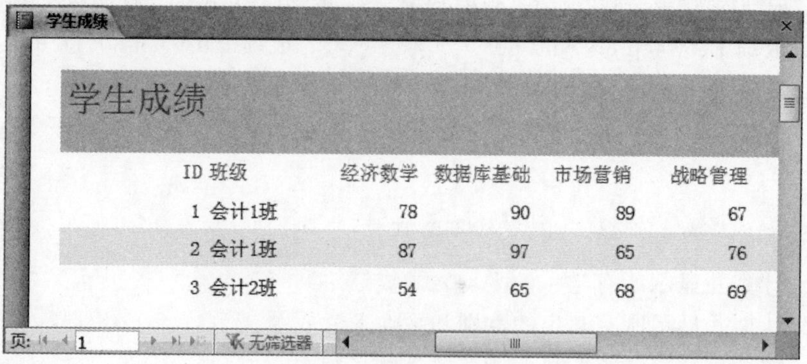

图 3-2 报表的设计效果

24. 在报表中,如果要计算"数学"字段的最低分,应将控件的"控件来源"属性设置
为( )。

    A. ＝Min([数学])   B. ＝Min(数学)

    C. ＝Min[数学]   D. Min(数学)

25. 如果要将一个数字字符串转换成对应的数值,应该使用的函数是( )。

    A. Val   B. Single   C. Asc   D. Space

26. 在下列变量名中,合法的是( )。

    A. 4A   B. A－1   C. ABC_1   D. Private

27. InputBox 函数的返回值类型是( )。

    A. 数值   B. 字符串

    C. 变体   D. 视输入的数据而定

28. 下列能够交换变量 X 和 Y 的值的程序段是( )。

    A. Y = X:X = Y   B. Z = X:Y = Z:X = Y

    C. Z = X:X = Y:Y = Z   D. Z = X:W = Y:Y = Z:X = Y

29. 下列循环语句中,循环体的执行次数为( )次。

```
i = 8
Do While i < = 17
  i = i + 2
Loop
```

    A. 3   B. 4   C. 5   D. 6

30. 下列程序段在执行后,变量 n 和 k 的值分别为( )。

```
k = 5
n = 10
n = k = 20
```

    A. 20、20   B. 10、20   C. 10、5   D. False、5

31. 窗体中有命令按钮 Command1,事件过程如下:

```
Public Function f(x As Integer) As Integer
  Dim y As Integer
```

```
    x = 20
    y = 2
    f = x * y
End Function
Private Sub Command1_Click()
    Dim y As Integer
    Static x As Integer
    x = 10
    y = 5
    y = f(x)
    Debug.Print x;y
End Sub
```

运行程序,单击命令按钮,则立即窗口中显示的内容是(　　)。

    A. 10 5   B. 10 40   C. 20 5   D. 20 40

32. 窗体中有命令按钮 Command1 和文本框 Text1,事件过程如下:

```
Function result(ByVal x As Integer) As Boolean
    If x Mod 2 = 0 Then
        result = True
    Else
        result = False
    End If
End Function
Private Sub Command1_Click()
    x = Val(InputBox("请输入一个整数"))
    If _____ Then
        Text1 = Str(x) & "是偶数"
    Else
        Text1 = Str(x) & "是奇数"
    End If
End Sub
```

运行程序,单击命令按钮,输入 19,在 Text1 中会显示"19 是奇数",那么在程序的空白处应输入(　　)。

    A. result(x)="偶数"   B. result(x)

    C. resuIt(x)="奇数"   D. Not result(x)

33. 窗体中有命令按钮 Command1 和文本框 Text1,对应的事件代码如下:

```
Private Sub Command1_Click()
    For i = 1 To 4
        x = 3
        For j = 1 To 3
            For k = 1 To 2
                x = x + 3
            Next k
        Next j
    Next i
    Text1.Value = Str(x)
End Sub
```

运行以上事件过程,文本框中的输出是(　　　)。

    A. 6 　　　　　　　B. 12 　　　　　　　C. 18 　　　　　　　D. 21

34. 窗体中有命令按钮 Command1,对应的事件代码如下:

```
Private Sub Command1_Enter()
  Dim num As Integer,a As Integer,b As Integer,i As Integer
  For i = 1 To 10
    num = InputBox("请输入数据: ","输入")
    If Int(num/2) = num/2 Then
      a = a + 1
    Else
      b = b + 1
    End If
  Next i
  MsgBox("运行结果: a = " & Str(A) & ",b = " & Str(B))
End Sub
```

运行以上事件过程,所完成的功能是(　　　)。

    A. 对输入的 10 个数据求累加和

    B. 对输入的 10 个数据求各自的余数,然后进行累加

    C. 对输入的 10 个数据分别统计奇数和偶数的个数

    D. 对输入的 10 个数据分别统计整数和非整数的个数

35. 运行下列程序,输入数据 8、9、3、0 以后,窗体中显示的结果是(　　　)。

```
Private Sub Form_Click()
  Dim sum As Integer,m As Integer
  sum = 0
  Do
    m = InputBox("输入 m")
    sum = sum + m
  Loop Until m = 0
  MsgBox sum
End Sub
```

    A. 0 　　　　　　　B. 17 　　　　　　　C. 20 　　　　　　　D. 21

二、填空题

1. 数据库设计的 4 个阶段是需求分析、概念设计、逻辑设计和_____。

2. 如果要求在执行查询时通过输入的学号查询学生的信息,可以采用_____查询。

3. SQL 语句"SELECT 学号,Sum(成绩) FROM 成绩 GROUP BY 学号"的功能是_____。

4. 在创建主/子窗体之前,必须设置_____之间的关系。

5. 报表中的_____是按照数据的特性将同类数据集合在一起,从而便于报表的综合或统计。

6. 如果不希望在打开数据库时运行 AutoExec 宏,可以在打开数据库时按住_____键。

7. 用户可以通过多种方法执行宏,包括在其他宏中调用该宏、在 VBA 程序中调用该宏以及在_____发生时触发该宏。

8. 函数 Mid("数据库 ABC",4,3)的值是_____。

9. 在 VBA 中要判断一个字段的值是否为 Null,应该使用的条件是_____。

10. 下列程序的功能是求方程 $x^2 + y^2 = 1000$ 的所有整数解,请在空白处输入适当的语句,使程序完成指定的功能。

```
Private Sub Command1_Click()
    Dim x As Integer, y As Integer
    For x = -34 To 34
      For y = -34 To 34
        If _____ Then
            Debug.Print x, y
          End If
      Next y
    Next x
End Sub
```

11. 下列程序的功能是求算式 $1 + 1/2! + 1/3! + 1/4! + \cdots$ 的前 10 项的和,请在空白处输入适当的语句,使程序完成指定的功能。

```
Private Sub Command1_Click()
    Dim i As Integer, s As Single, a As Single
    a = 1 : s = 0
    For i = 1 To 10
    a = _____
    s = s + a
    Next i
    Debug.Print "1 + 1/2! + 1/3! + … = "; s
End Sub
```

12. 在窗体中有一个名为 Command1 的命令按钮,Click 事件的功能是接收从键盘输入的 10 个大于 0 的不同整数,找出其中的最大值和对应的输入位置。请在空白处输入适当的语句,使程序可以完成指定的功能。

```
Private Sub Command1_Click()
    max = 0
    maxn = 0
    For i = 1 To 10
      num = Val(InputBox("请输入第" & i & "个大于 0 的整数: "))
      If _____ Then
        max = num
        maxn = _____
      End If
    Next i
    MsgBox("最大值为第" & maxn & "个输入的" & max)
End Sub
```

13. 数据库的"职工基本情况"表中有"姓名"和"职称"等字段,需要分别统计教授、副教授和其他人员的数量。请在空白处输入适当的语句,使程序可以完成指定的功能。

```
Private Sub Command5_Click()
    Dim db As DAO.Database
```

```
Dim rs As DAO.RecordSet
Dim zc As DAO.Field
Dim Count1 As Integer,Count2 As Integer,Count3 As Integer
Set db = CurrentDb( )
Set rs = db.OpenRecordSet("职工基本情况")
Set zc = rs.Fields("职称")
Count1 = 0 : Count2 = 0 : Count3 = 0
Do While Not _____
    Select Case zc
        Case Is = "教授"
            Count1 = Count1 + 1
        Case Is = "副教授"
            Count2 = Count2 + 1
        Case Else
            Count3 = Count3 + 1
    End Select
    _____
Loop
rs.Close
Set rs = Nothing
Set db = Nothing
MsgBox "教授: " & Count1 & ",副教授: " & Count2 & ",其他: " & Count3
End Sub
```

笔试模拟试题 1 参考答案

一、选择题

1. C	2. C	3. C	4. C	5. A	6. B	7. A	8. B
9. D	10. C	11. B	12. D	13. D	14. B	15. A	16. B
17. A	18. D	19. C	20. D	21. A	22. B	23. B	24. A
25. A	26. C	27. B	28. C	29. C	30. D	31. D	32. B
33. D	34. C	35. C					

二、填空题

1. 物理设计

2. 参数

3. 统计每个学生的总成绩

4. 表

5. 分组

6. Shift

7. 事件

8. ABC

9. Is Null

10. $x*x+y*y=1000$ 或 $x^2+y^2=1000$

11. a/i

12. Num＞max、i

13. Rs.Eof、rs.MoveNext

笔试模拟试题 2

一、选择题

1. 下列关于数据库管理系统的叙述,正确的是(　　)。

　　A. 数据库管理系统具有对数据库中的数据资源进行统一管理和控制的功能

　　B. 数据库管理系统是数据库的统称

　　C. 数据库管理系统具有对任何信息资源管理和控制的功能

　　D. 数据库管理系统对于普通用户来说具有不可操作性

2. 在用概念模型描述现实世界的事物时,将现实世界的事物个体称为(　　)。

　　A. 实体　　　　　　　B. 联系　　　　　　　C. 属性　　　　　　　D. 总体

3. 在学生关系数据库中,存取一个学生信息的数据单位是(　　)。

　　A. 文件　　　　　　　B. 数据库　　　　　　C. 字段　　　　　　　D. 记录

4. 在数据库设计中,设计关系模式属于(　　)的任务。

　　A. 需求分析阶段　　　　　　　　　　B. 概念设计阶段

　　C. 逻辑设计阶段　　　　　　　　　　D. 物理设计阶段

5. 有两个关系 R 和 T 如下:

R		
A	B	C
a	1	2
b	2	2
c	3	2
d	3	2

T		
A	B	C
c	3	2
d	3	2

则由关系 R 得到关系 T 的操作是(　　)。

　　A. 选择　　　　　　　B. 投影　　　　　　　C. 交　　　　　　　D. 并

6. 下列关于关系数据库中表的描述,正确的是(　　)。

　　A. 表相互之间存在联系,但用独立的文件名保存

　　B. 表相互之间存在联系,用表名表示相互间的联系

　　C. 表相互之间不存在联系,完全独立

　　D. 表既相对独立,又相互联系

7. 下列不属于表结构的是(　　)。

　　A. 字段的名称　　　　　　　　　　　B. 字段的属性

　　C. 表的主键　　　　　　　　　　　　D. 字体的颜色

8. 下列对数据输入无法起到约束作用的是(　　)。

　　A. 输入掩码　　　　　　　　　　　　B. 有效性规则

　　C. 字段名称　　　　　　　　　　　　D. 数据类型

9. 在 Access 中,设置为主键的字段(　　)。

　　A. 不能设置索引　　　　　　　　　　B. 可设置为"有(有重复)"索引

　　C. 系统自动设置索引　　　　　　　　D. 可设置为"无"索引

10. 输入掩码字符"&"的含义是(   )。

    A. 必须输入字母或数字

    B. 可以选择输入字母或数字

    C. 必须输入一个任意的字符或一个空格

    D. 可以选择输入任意的字符或一个空格

11. 在 Access 中,如果不想显示表中的某些字段,可以使用的命令是(   )。

    A. 隐藏   B. 删除   C. 冻结   D. 筛选

12. 在对表进行查找时,通配符"#"的含义是(   )。

    A. 通配任意个数的字符   B. 通配任何单个字符

    C. 通配任意个数的数字字符   D. 通配任何单个数字字符

13. 若要求在文本框中输入文本时得到密码"*"的显示效果,应该设置的属性是(   )。

    A. 默认值   B. 有效性文本   C. 输入掩码   D. 密码

14. 假设"公司"表中有"编号""名称""法人"等字段,查找公司名称中有"网络"二字的公司信息,正确的命令是(   )。

    A. SELECT * FROM 公司 FOR 名称="*网络*"

    B. SELECT * FROM 公司 FOR 名称 Like "*网络*"

    C. SELECT * FROM 公司 WHERE 名称="*网络*"

    D. SELECT * FROM 公司 WHERE 名称 Like"*网络*"

15. 利用对话框提示用户输入查询条件,这样的查询属于(   )。

    A. 选择查询   B. 参数查询   C. 操作查询   D. SQL 查询

16. 在 SQL 查询中,"GROUP BY"的含义是(   )。

    A. 选择行条件   B. 对查询进行排序

    C. 选择列字段   D. 对查询进行分组

17. 在"学生成绩"表中,若要统计各班"数据库基础"课程的平均分,应在如图 3-3 所示的"数据库基础"字段的"总计"行中选择(   )。

图 3-3　查询设计视图

A. 平均值　　　　　B. 最大值　　　　　C. 计数　　　　　D. 合计

18. 为窗体或报表的控件设置属性值的正确宏操作命令是（　　　）。

A. Set　　　　　B. SetData　　　　　C. SetValue　　　　　D. SetWarnings

19. 在窗体中有一个命令按钮（名称为 Command1），该按钮的单击事件对应的 VBA 代码如下：

```
Private Sub Command1_Click()
  subT.Form.RecordSource = "SELECT * FROM 雇员"
End Sub
```

单击该按钮实现的功能是（　　　）。

A. 使用 SELECT 命令查找"雇员"表中的所有记录

B. 使用 SELECT 命令查找并显示"雇员"表中的所有记录

C. 将 subT 窗体的数据来源设置为一个字符串

D. 将 subT 窗体的数据来源设置为"雇员"表

20. 新建一个窗体，默认的标题为"窗体1"，为了把窗体标题改为"数据编辑"，应设置窗体的（　　　）属性。

A. 名称　　　　　B. 菜单栏　　　　　C. 标题　　　　　D. 工具栏

21. 图 3-4 所示的报表类型是（　　　）。

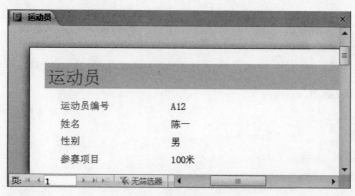

图 3-4　报表的设计效果

A. 纵栏式报表　　　　　B. 表格式报表　　　　　C. 图表报表　　　　　D. 标签报表

22. 在报表的设计过程中，不适合添加的控件是（　　　）。

A. 标签控件　　　　　　　　　B. 图形控件

C. 文本框控件　　　　　　　　D. 选项组控件

23. 下列关于对象"更新前"事件的叙述中，正确的是（　　　）。

A. 在控件或记录的数据变化后发生的事件

B. 在控件或记录的数据变化前发生的事件

C. 当窗体或控件接收到焦点时发生的事件

D. 当窗体或控件失去了焦点时发生的事件

24. 下列属于通知或警告用户的宏命令是（　　　）。

A. PrintOut　　　　　　　　　　　　B. ExportWithFormatting

    C. MessageBox   D. RunMacro

25. VBA 表达式 3 * 3\3/3 的值是( )。

    A. 0   B. 1   C. 3   D. 9

26. 如果 X 是一个正的实数,将其保留两位小数,并将千分位四舍五入的表达式是( )。

    A. 0.01 * Int(X+0.05)   B. 0.01 * Int(100 * (X+0.005))

    C. 0.01 * Int(X+0.005)   D. 0.01 * Int(100 * (X+0.05))

27. 在模块的声明部分使用 Option Base 1 语句,然后定义二维数组 $A(2 \text{ to } 5,5)$,则该数组的元素个数为( )。

    A. 20   B. 24   C. 25   D. 36

28. 由"For i=1 To 9 Step −3"决定的循环结构,其循环体将被执行( )次。

    A. 0   B. 1   C. 4   D. 5

29. 在调试 VBA 程序时,能自动被检查出来的错误是( )。

    A. 语法错误   B. 逻辑错误

    C. 运行错误   D. 语法错误和逻辑错误

30. 在下列程序段执行后,变量 n 和 k 的值分别为( )。

```
k = 5
For n = k To 0 Step − 3
  k = k + 1
Next n
```

    A. −1、7   B. 0、6   C. −1、5   D. 0、7

31. 在窗体上有一个命令按钮 Command1 和一个文本框 Text1,编写事件代码如下:

```
Private Sub Command1_Click()
  Dim i,j,x
  For i = 1 To 20 step 2
    x = 0
    For j = i To 20 step 3
      x = x + 1
    Next j
  Next i
  Text1.Value = Str(x)
End Sub
```

打开窗体运行后,单击命令按钮,文本框中显示的结果是( )。

    A. 1   B. 7   C. 17   D. 400

32. 在窗体上有一个命令按钮 Command1,编写事件代码如下:

```
Private Sub Command1_Click()
  Dim y As Integer
  y = 0
  Do
  y = InputBox("y = ")
  If (y Mod 10) + Int(y / 10) = 10 Then Debug.Print y;
  Loop Until y = 0
End Sub
```

打开窗体运行后,单击命令按钮,依次输入10、37、50、55、64、20、28、19、-19、0,立即窗口上输出的结果是(   )。

    A. 37 55 64 28 19 19   B. 10 50 20

    C. 10 50 20 0   D. 37 55 64 28 19

33. 在窗体上有一个命令按钮Command1,编写事件代码如下:

```
Private Sub Command1_Click()
    Dim x As Integer, y As Integer
    x = 12: y = 32
    Call Proc(x, y)
    Debug.Print x; y
    End Sub
    Public Sub Proc(n As Integer, ByVal m As Integer)
    n = n Mod 10
    m = m Mod 10
End Sub
```

打开窗体运行后,单击命令按钮,立即窗口上输出的结果是(   )。

    A. 2 32   B. 12 3   C. 2 2   D. 12 32

34. 在窗体上有一个命令按钮Command1,编写事件代码如下:

```
Private Sub Command1_Click()
    Dim d1 As Date
    Dim d2 As Date
    d1 = #12/25/2013#
    d2 = #1/5/2014#
    MsgBox DateDiff("ww", d1, d2)
End Sub
```

打开窗体运行后,单击命令按钮,消息框中输出的结果是(   )。

    A. 1   B. 2   C. 10   D. 11

35. 下列程序段的功能是实现"学生"表中"年龄"字段的值加1。

```
Dim Str As String
Str = "_____"
Docmd.RunSQL Str
```

在空白处应输入的程序代码是(   )。

    A. 年龄=年龄+1

    B. UPDATE 学生 SET 年龄=年龄+1

    C. SET 年龄=年龄+1

    D. EDIT 学生 年龄=年龄+1

二、填空题

1. 有一个学生选课的关系,其中学生的关系模式为学生(学号,姓名,班级,年龄),课程的关系模式为课程(课号,课程名,学时),两个关系模式的键分别是学号和课号,则关系模式选课可定义为选课(学号,_____,成绩)。

2. SQL 语句"SELECT ＊ FROM 学生 WHERE 姓名 Like " 赵?""的功能

是_____。

3. 窗体中的数据主要来源于表和_____。

4. 在 Access 2010 中,_____是共同存储在一个宏名下的相关宏的集合。

5. 在 VBA 中,打开窗体的命令语句是_____。

6. 在如图 3-5 所示的窗体上有一个命令按钮(名称为 Command1)和一个选项组(名称为 Frame1),选项组上显示 Frame1 文本的标签控件名称为 Label1,若将选项组上显示的文本 Frame1 改为汉字"性别",应使用的语句是_____。

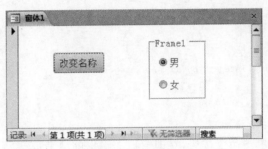

图 3-5　窗体设计

7. 在当前窗体上若要将焦点移动到指定控件,应使用的操作命令是_____。

8. 当将数据库放在受信任位置时,所有的 VBA 代码、宏都会在_____时运行,用户不必做出信任决定。

9. 有以下事件代码,在窗体的文本框 Text1 中输入"456AbC"后,立即窗口上输出的结果是_____。

```
Private Sub Text1_KeyPress(KeyAscii As Integer)
    Select Case KeyAscii
        Case 97 To 122
            Debug.Print Ucase(Chr(KeyAscii));
        Case 65 To 90
            Debug.Print Lcase(Chr(KeyAscii));
        Case 48 To 57
            Debug.Print Chr(KeyAscii);
        Case Else
            KeyAscii = 0
    End Select
End Sub
```

10. 在窗体上有一个命令按钮 Command1,编写事件代码如下:

```
Private Sub Command1_Click()
    Dim a(10), p(3) As Integer
    k = 5
    For i = 1 To 10
        a(i) = i * i
    Next i
    For i = 1 To 3
        p(i) = a(i * i)
    Next i
```

```
   For i = 1 To 3
      k = k + p(i) * 2
   Next i
   MsgBox k
End Sub
```

打开窗体运行后,单击命令按钮,消息框中输出的结果是_____。

11. 下列程序的功能是找出被 5 和 7 除的余数为 1 的最小的 5 个正整数。请在程序空白处输入适当的语句,使程序可以完成指定的功能。

```
Private Sub Form_Click()
   Dim Ncount%, n%
   n = n + 1
   If _____ Then
      Debug.Print n
      Ncount = Ncount + 1
   End If
   Loop Until Ncont = 5
End Sub
```

12. 以下程序的功能是在立即窗口中输出 100～200 之间的所有素数,并统计输出素数的个数。请在程序空白处输入适当的语句,使程序可以完成指定的功能。

```
Private Sub Command2_Click()
   Dim i%, j%, k%, t%   't 用于统计素数的个数
   Dim b As Boolean
   For i = 100 To 200
      b = True
      k = 2
      j = Int(Sqr(i))
      Do While k <= j And b
         If I Mod k = 0 Then
           b = _____
         End If
         k = _____
      Loop
      If b = True Then
         t = t + 1
         Debug.Print i
      End If
   Next i
   Debug.Print "t = "; t
End Sub
```

13. 数据库中有"工资"表,包含"姓名""工资""职称"等字段。现要对不同职称的职工增加工资,规定教授职称增加 15%,副教授职称增加 10%,其他人员增加 5%。下列程序的功能是按照上述规定调整每位职工的工资,并显示所涨工资的总和。请在空白处输入适当的语句,使程序可以完成指定的功能。

```
Private Sub Command5_Click()
   Dim ws As DAO.Workspace
```

```
Dim db As DAO.Database
Dim rs As DAO.RecordSet
Dim gz As DAO.Field
Dim zc As DAO.Field
Dim sum As Currency
Dim rate As Single
Set db = CurrentDb()
Set rs = db.OpenRecordSet("工资")
Set gz = rs.Fields("工资")
Set zc = rs.Fields("职称")
sum = 0
Do While Not _____
  rs.Edit
  Select Case zc
    Case Is = "教授"
    rate = 0.15
    Case Is = "副教授"
    rate = 0.1
    Case Else
    rate = 0.05
End Select
sum = sum + gz * rate
gz = gz + gz * rate

_____
rs.MoveNext
Loop
rs.Close
db.Close
Set rs = Nothing
Set db = Nothing
MsgBox "涨工资总计:" & sum
End Sub
```

笔试模拟试题 2 参考答案

一、选择题

1. A	2. A	3. D	4. C	5. A	6. D	7. D	8. C
9. C	10. C	11. A	12. D	13. C	14. D	15. B	16. D
17. A	18. C	19. D	20. C	21. A	22. D	23. B	24. C
25. D	26. B	27. B	28. A	29. A	30. A	31. A	32. D
33. A	34. B	35. B					

二、填空题

1. 课号

2. 从"学生"表中找出所有姓赵的并且姓名只有两个汉字的学生的记录

3. 查询

4. 子宏

5. DoCmd.OpenForm

6. Label1. Caption＝"性别"

7. SetFocus

8. 打开数据库

9. 456aBc

10. 201

11. n Mod 5 ＝1 And n Mod 7＝1

12. False、k＋1

13. rs. EOF、rs. Update

机试模拟试题 1

一、基本操作题

打开考试目录下的 Collect. accdb 数据库文件,根据题目要求完成以下操作。

（1）根据表 3-1 创建 tCollect 表。

表 3-1   tCollect 表的结构

字段名称	数据类型	字段大小	格　　式
CDID	文本	8	
主题名称	文本	20	
价格	货币		
购买日期	日期/时间		长日期
出版单位 ID	文本	8	
介绍	文本	50	
类型 ID	文本	8	

（2）设置 tCollect 表的主键为 CDID 字段,通过输入掩码限制此字段必须填写 6 位数字。

（3）设置 tCollect 表中"购买日期"字段的默认值为系统当前日期。

（4）设置 tCollect 表中"价格"字段的有效性规则为大于 0 并且小于 300,有效性文本为"超过范围"。

（5）设置 tCollect 表中的"主题名称"为"必需"字段,并设置正确索引。

（6）在 tCollect 表中输入如表 3-2 所示的数据。

表 3-2   tCollect 表中的数据

CDID	主题名称	价格	购买日期	出版单位 ID	介绍	类型 ID
000007	童年	200	2019-12-31	10001	通俗歌曲	03

（7）设置 tType 表和 tCollect 表之间的关系,实施参照完整性,能够级联删除相关记录。

操作提示如下。

（1）打开 Collect. accdb 数据库文件,单击"创建"选项卡,然后在"表格"命令组中单击"表设计"命令按钮,打开表的设计视图,在设计视图中定义字段名称、数据类型、字段大小等,并以 tCollect 为名称保存表。

(2) 单击 CDID 字段行前的字段选定器选中该字段,然后右击,在快捷菜单中选择"主键"命令,或者单击"表格工具/设计"选项卡,然后在"工具"命令组中单击"主键"命令按钮,设置该字段是主键。

(3) 分别选择"购买日期"字段、"价格"字段和"主题名称"字段,在表设计视图的字段属性区中设置相应属性,并再次保存表。

(4) 在"表格工具/设计"选项卡的"视图"命令组中单击"数据表视图"命令按钮,然后输入数据,输入完毕后存盘。

(5) 单击"数据库工具"选项卡,然后在"关系"命令组中单击"关系"命令按钮,打开"关系"窗口。在"显示表"对话框中分别将 tType 表和 tCollect 表添加到"关系"窗口,并关闭"显示表"对话框。选中 tType 表中的"类型 ID"字段,然后按下鼠标左键拖到 tCollect 表中的"类型 ID"字段上,松开鼠标,这时会弹出"编辑关系"对话框。在"编辑关系"对话框中设置参照完整性,操作完成后,保存表。

二、简单应用题

打开考试目录下的 Emp. accdb 数据库文件,根据题目要求完成以下查询。

(1) 查询职员信息,查询结果按照顺序显示编号、姓名、性别、职务,查询命名为"查询 1"。

(2) 查询"经理"的情况,查询结果按照顺序显示编号、姓名、性别,查询命名为"查询 2"。

(3) 查询开发部的员工信息,查询结果按照顺序显示编号、姓名、性别、职务,查询命名为"查询 3"。

(4) 统计人力资源部门的员工人数,查询结果显示人力资源员工人数,查询命名为"查询 4"。

(5) 分类统计各个部门的员工人数,查询结果显示所属部门、各部门员工人数,查询命名为"查询 5"。

(6) 查找有 10 年以上(不包含 10 年)工龄的员工的信息,查询结果按照顺序显示编号、姓名、性别、职务,查询命名为"查询 6"。

(7) 查询女主管和女经理的信息,查询结果按照顺序显示编号、姓名,查询命名为"查询 7"。

(8) 将 2018 年以后参加工作的员工生成新表,命名为"新员工"表,新表中的字段按照顺序显示编号、姓名、性别、职务,查询命名为"查询 8"。

操作提示如下:

打开 Emp. accdb 数据库文件,单击"创建"选项卡,然后在"查询"命令组中单击"查询设计"命令按钮,打开查询设计视图窗口,在其中完成相应操作。

三、综合应用题

打开考试目录下的 Band. accdb 数据库文件,对于已经有的 rBand 报表根据题目要求完成以下操作。

(1) 调整 rBand 报表的属性,标题为"旅游信息",边框样式为"可调边框",宽度为 18 厘米。

(2) 调整主体节的高度为 0.6 厘米。

(3) 在报表页眉中添加标签控件,设置标题为"旅游信息报表",宋体,字号为 20,宽度为 5 厘米,高度为 1 厘米,加粗,有下画线,文本居中对齐,并命名为 title。

（4）在主体节添加文本框控件，命名为 xm，显示"导游姓名"信息。

（5）在报表页脚增加计算控件，命名为 tds，用于计算团队的数量。

操作提示如下：

打开 Band.accdb 数据库文件，选中"报表"对象，右击 rBand 报表，然后在弹出的快捷菜单中选择"设计视图"命令，在报表设计视图中完成相应操作。

机试模拟试题 2

一、基本操作题

打开考试目录下的 Emp.accdb 数据库文件，根据题目要求完成以下操作。

（1）根据表 3-3 创建"期刊信息"表。

表 3-3 "期刊信息"表的结构

字段名称	数据类型	字段大小	格　式
期刊编号	自动编号		
类别	文本	8	
期刊名称	文本	16	
期刊定价	数字		货币
期刊页数	数字	整型	标准
出版日期	日期/时间		常规日期
期刊封面	OLE 对象		
是否借出	是/否		

（2）设置"期刊信息"表的主键为"期刊编号"字段。

（3）设置"期刊信息"表中"出版日期"字段的输入掩码为"0000-00-00"，占位符为"!"。

（4）设置"期刊信息"表中的"期刊名称"有索引（有重复），"期刊编号"的"标题"属性为"序号"。

（5）设置"是否借出"的默认值为否，是"必需"字段。

（6）在"期刊信息"表中输入如表 3-4 所示的数据。

表 3-4 "期刊信息"表的一个记录

期刊编号	类别	期刊名称	期刊定价	期刊页数	出版日期	期刊封面	是否借出
1	计算机科学	计算机工程	12.0	23	2020/3/15	Photo.bmp	是

（7）导入数据库 collect.accdb 的表 tType。

操作提示如下。

（1）打开 Emp.accdb 数据库文件，单击"创建"选项卡，然后在"表格"命令组中单击"表设计"命令按钮，打开表的设计视图，在设计视图中定义字段名称、数据类型、字段大小等，并以"期刊信息"为名称保存表。

（2）在表的设计视图中设置主键和相应属性，并再次保存表。

（3）进入数据表视图，然后输入数据，输入完毕后存盘。

(4) 单击"外部数据"选项卡,然后在"导入并链接"命令组中单击 Access 命令按钮,在"获取外部数据"对话框中找到需要导入的数据源文件,依次完成操作。

二、简单应用题

打开考试目录下的 Collect.accdb 数据库文件,建立 3 个表之间的联系(实施参照完整性),根据题目要求完成以下查询。

(1) 查询唱片信息,查询结果按照顺序显示主题名称、价格、出版单位名称,查询命名为"查询 1"。

(2) 查询所买 CD 的总价,字段命名为"总费用",查询命名为"查询 2"。

(3) 查询每种类型 CD 的平均价格,字段分别命名为"CD 类型名称""平均价格",查询命名为"查询 3"。

(4) 查询类型介绍以"独奏"结束的唱片信息,查询结果按照顺序显示 CD 类型名称、类型介绍,查询命名为"查询 4"。

(5) 查询 2019 年 2 月购买的唱片,查询结果显示"主题名称""介绍",查询命名为"查询 5"。

(6) 对于目前收集的所有唱片,统计各出版单位出版的唱片的平均价格和数量,查询结果显示"出版单位名称""平均价格""出版数量",查询命名为"查询 6"。

(7) 删除 20 日购买的唱片的信息,查询命名为"查询 7"。

(8) 建立生成表查询,新表名称为"唱片信息表",新表中的字段按照顺序显示 CD 类型名称、类型介绍、主题名称、出版单位名称,查询命名为"查询 8"。

操作提示如下:

打开 Collect.accdb 数据库文件,单击"创建"选项卡,然后在"查询"命令组中单击"查询设计"命令按钮,打开查询设计视图窗口,在其中完成相应操作。

三、综合应用题

打开考试目录下的 Teaching.accdb 数据库文件,对于已经有的"学生信息表"窗体根据题目要求完成以下操作。

(1) 调整"学生信息表"窗体的属性,其中,没有记录选择器,无分隔线,不允许编辑,标题设置为"浏览学生信息"。

(2) 调整页眉节的高度为 2 厘米。

(3) 在"学生信息表"窗体页眉处添加标签控件,设置标题为"学生信息及成绩",幼圆,文本居中对齐,并命名为 title。

(4) 在"学生课程表子窗体"的"考试成绩"下面添加一个计算控件,名称为 grade,并按照平时成绩占 40%、考试成绩占 60%计算总成绩,设置小数位数为 0,对应的标签控件名称为 text2,标题为"总成绩"。

(5) 创建"打开"宏,功能是打开数据表"课程信息表",数据模式为"只读"。

(6) 在"学生信息表"窗体的页脚中增加命令按钮控件,名称为 open,标题为"浏览课程",单击事件属性为"打开"宏。

操作提示如下:

打开 Teaching.accdb 数据库文件,选中"窗体"对象,然后右击"学生信息表"窗体,选择"设计视图"命令,在窗体设计视图中完成相应操作。

第 4 部分　　　　　　　应 用 案 例

应用案例部分在课程学习的基础上加以扩展,以培养数据库应用开发技术为目标,通过对一个小型数据库应用系统(旅游信息管理系统)设计与实现过程的分析,帮助读者掌握开发 Access 2010 数据库应用系统的一般设计方法与实现步骤,该案例对读者进行系统开发起到示范或参考作用。

4.1　系统需求分析

随着生活水平的提高,旅游逐渐成为人们生活中的一部分。旅游者希望更多地参与旅行方式、线路和时间的定制,对旅游服务质量和管理水平也提出了越来越高的要求,旅游企业迫切需要使用现代化管理手段来满足日益个性化的市场需求,因此很有必要开发旅游信息管理系统。

本系统以某旅行社的业务为背景,要求能够提供各旅游团、旅游景点、旅游线路、导游、游客等信息的输入、维护、查询以及相关报表的打印等功能。通过对系统应用环境以及各有关环节的分析,系统的需求可以归纳为以下两点。

(1) 数据需求。数据库要全面反映旅游信息管理过程中所需要的各方面的信息。

(2) 功能需求。旅游信息管理系统可以分为 3 个模块,即信息编辑、信息查询、信息统计和输出。该系统的操作要方便,对信息能进行查询和统计,能根据游客的需求和各景点的人数统计及时调整旅游线路和班次等信息,以满足游客的需求,同时有利于旅行社的管理和获得更大的效益。

4.2　系 统 设 计

本节从功能模块设计和数据库设计两个方面来介绍旅游信息管理系统的设计。

4.2.1　系统功能设计

旅游信息管理系统的系统结构如图 4-1 所示。该系统主要实现对相关旅游信息的管理,包括导游信息管理、线路和班次信息管理、游客信息管理 3 个主要功能模块。

在进行系统设计时,首先必须知道需要实现的基本功能,然后通过窗体或报表设计来实现。对于本系统,具体需要实现以下基本功能。

(1) 导游信息管理。导游信息管理用于对导游的基本信息进行编辑、查询和统计。

(2) 线路和班次信息管理。线路和班次信息管理用于对旅游路线、相关班次、旅游团的

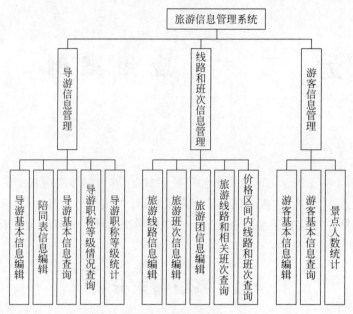

图 4-1 功能模块图

信息进行编辑和查询。

(3) 游客信息管理。游客信息管理用于游客信息的编辑和查询以及对景点人数的统计,可以供旅行社及时调整相关信息,从而达到高效管理。

4.2.2 数据库设计

旅游信息管理系统对导游信息、游客信息以及所制定的旅游路线和旅游班次进行管理,其 E-R 图如图 4-2 所示。

该 E-R 图涉及 5 个实体类型,其结构如下。

(1) 导游(导游证号,姓名,性别,电话,职称等级,照片)。

(2) 旅游线路(线路号,起点,终点)。

(3) 旅游班次(班次号,出发日期,天数,报价,住处,交通工具,描述)。

(4) 旅游团(团号,团名,人数,联系人)。

(5) 游客(身份证号码,姓名,性别,年龄,电话)。

该 E-R 图有 4 个联系类型,其中 3 个是 $1:n$ 联系,1 个是 $m:n$ 联系。

(1) 导游与旅游班次的联系是多对多的联系($m:n$)。

(2) 旅游线路与旅游班次的联系是一对多的联系($1:n$)。

(3) 旅游班次与旅游团的联系是一对多的联系($1:n$)。

(4) 旅游团与游客的联系是一对多的联系($1:n$)。

根据 E-R 图的转换规则,5 个实体以及一个 $m:n$ 联系转化成 6 个关系模式,具体结构如下。

(1) 导游(导游证号,姓名,性别,电话,职称等级,照片)。

(2) 旅游线路(线路号,起点,终点)。

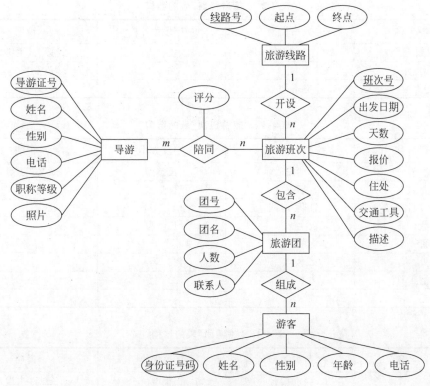

图 4-2 旅游信息管理 E-R 图

(3) 旅游班次(<u>班次号</u>,线路号,出发日期,天数,报价,住处,交通工具,描述)。

(4) 旅游团(<u>团号</u>,旅游班次号,团名,人数,联系人)。

(5) 游客(<u>身份证号码</u>,团号,姓名,性别,年龄,电话)。

(6) 陪同(<u>班次号</u>,<u>导游证号</u>,评分)。

相关的表结构设计如下。

"导游"表用来存放导游的基本信息,字段设置如表 4-1 所示。

表 4-1 "导游"表的结构

字段名称	数据类型	字段大小	说明
导游证号	数字	长整型	必需(主键)
姓名	文本	20	必需
性别	文本	1	
电话	文本	20	
职称等级	文本	20	
照片	OLE 对象		

"旅游线路"表用来存放相关的线路信息,字段设置如表 4-2 所示。

"旅游班次"表用来存放旅游线路相关的班次信息,字段设置如表 4-3 所示。

"旅游团"表用来存放旅游班次相关的团信息,字段设置如表 4-4 所示。

表 4-2 "旅游线路"表的结构

字段名称	数据类型	字段大小	说明
线路号	自动编号	长整型	必需（主键）
起点	文本	20	必需
终点	文本	20	必需

表 4-3 "旅游班次"表的结构

字段名称	数据类型	字段大小	说明
班次号	自动编号	长整型	必需（主键）
线路号	数字	长整型	必需
出发日期	日期/时间		必需
天数	数字	长整型	
报价	货币		必需
住处	文本	20	
交通工具	文本	20	
描述	备注		

表 4-4 "旅游团"表的结构

字段名称	数据类型	字段大小	说明
团号	自动编号	长整型	必需（主键）
旅游班次号	数字	长整型	必需
团名	文本	20	
人数	数字	长整型	
联系人	文本	20	必需

"游客"表用来存放游客的基本信息，字段设置如表 4-5 所示。

表 4-5 "游客"表的结构

字段名称	数据类型	字段大小	说明
身份证号码	文本	50	必需（主键）
姓名	文本	20	必需
性别	文本	1	
年龄	数字	长整型	
电话	文本	20	必需
团号	数字	长整型	必需

"陪同"表信息建立了"导游"表和"旅游班次"表的联系，字段设置如表 4-6 所示。

表 4-6 "陪同"表的结构

字段名称	数据类型	字段大小	说明
班次号	数字	长整型	必需（主键）
导游证号	数字	长整型	必需
评分	数字	长整型	

4.3 数据库的创建

基于 Access 2010 开发旅游信息管理系统,首先要建立系统的 Access 数据库,然后进行表的创建并建立表间的关系。

4.3.1 创建数据库

操作步骤如下。

(1) 启动 Access 2010,然后选择"文件"→"新建"命令,在"可用模板"区域中单击"空数据库"按钮。

(2) 在右侧窗格的"空数据库"区域的"文件名"文本框中输入文件名"旅游信息管理.accdb",并选择适当的存储路径,单击"创建"按钮,完成数据库的创建。

4.3.2 表的设计

在创建"旅游信息管理"数据库之后,便可以为数据库创建和设计表。这里以"导游"表为例进行说明,用表设计视图创建"导游"表的步骤如下。

(1) 打开"旅游信息管理"数据库。

(2) 单击"创建"选项卡,在"表格"命令组中单击"表设计"命令按钮,打开表的设计视图。

(3) 对照表 4-1,在表设计器中分别输入"字段名称",在数据类型中选择输入"数据类型",并设定数据类型的"字段大小",将"导游证号"字段设置为主键。

(4) 设计完后,将表保存并命名为"导游"。

其他相关表的设计过程可参照上述步骤完成。

4.3.3 创建表间关系

创建表后,接下来的操作就是建立表之间的联系,以保证数据受到参照完整性规则的约束。各表之间的关系如图 4-3 所示。

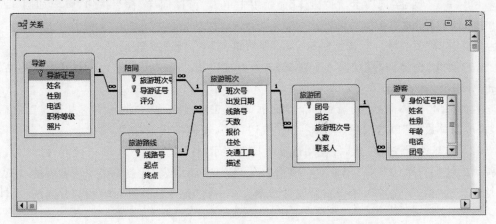

图 4-3 "旅游信息管理"数据库中各个表之间的关系

181

第 4 部分

应用案例

4.4　系统的实现

在 Access 2010 中实现旅游信息管理系统的功能,包括窗体、查询以及报表的创建。

4.4.1　创建窗体

1. "导游基本信息编辑"窗体的实现

"导游基本信息编辑"窗体是系统中管理导游基本信息的窗体,在这个窗体中可以添加、修改或删除导游的信息,其界面效果如图 4-4 所示。下面详细介绍该窗体的创建过程。

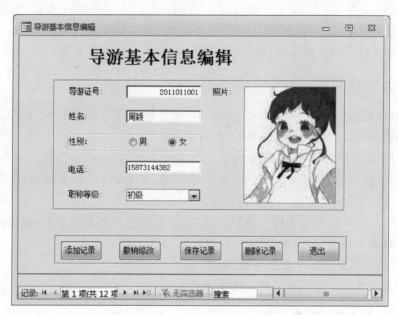

图 4-4　"导游基本信息编辑"窗体的效果

1) 添加窗体控件

(1) 单击"创建"选项卡,在"窗体"命令组中单击"窗体向导"命令按钮,弹出如图 4-5 所示的"窗体向导"的第 1 个对话框。

(2) 选择"表:导游",选定所有字段,然后单击"下一步"按钮。

(3) 弹出"窗体向导"的第 2 个对话框,选中"纵栏表"单选按钮作为新创建窗体的布局,单击"下一步"按钮。

(4) 弹出"窗体向导"的最后一个对话框,输入窗体的名称"导游基本信息编辑",然后选中"修改窗体设计"单选按钮,单击"完成"按钮,进入窗体的设计视图。

(5) 调整各控件的位置,并使用选项组控件表示"性别"字段。在窗体设计视图中右击,在弹出的快捷菜单中选择"属性"命令,然后在弹出的"属性表"任务窗格中选中窗体,在窗体属性列表的"格式"选项卡中设置其属性。本窗体中将"记录选择器"属性和"分隔线"属性设置为"否"。

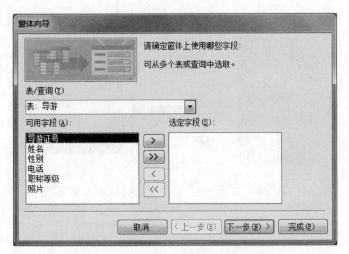

图 4-5 "窗体向导"的第 1 个对话框

2）添加命令按钮

下面添加"添加记录""撤销修改""保存记录""删除记录""退出"5 个命令按钮，它们的生成过程大致相同，在此首先创建"添加记录"按钮，步骤如下。

（1）在"使用控件向导"命令选中的情况下向窗体中添加命令按钮，会弹出"命令按钮向导"的第 1 个对话框，如图 4-6 所示。

图 4-6 "命令按钮向导"的第 1 个对话框

（2）该对话框用于选择按钮的操作类型，在"类别"列表框中选择"记录操作"选项，在"操作"列表框中选择"添加新记录"选项，如图 4-7 所示，单击"下一步"按钮，将会弹出如图 4-8 所示的"命令按钮向导"的第 2 个对话框。

（3）该对话框用于选择按钮的样式，这里选中"文本"单选按钮，并在后面的文本框中输入按钮的新标题"添加记录"，单击"下一步"按钮，将弹出"命令按钮向导"的最后一个对话框，为命令按钮命名，将命令按钮的名称输入到文本框中，最后单击"完成"按钮。

用同样的方法创建"撤销修改""保存记录""删除记录"按钮，只是在向导生成过程中，"撤销修改"按钮的"操作类别"为"撤销记录"，"保存记录"按钮的"操作类别"为"保存记录"，

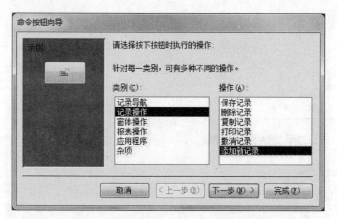

图 4-7 "命令按钮向导"的第 2 个对话框

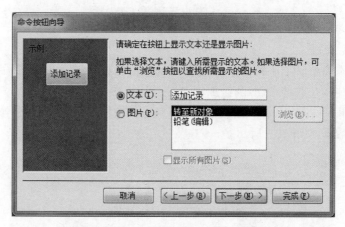

图 4-8 "命令按钮向导"的第 3 个对话框

"删除记录"按钮的"操作类别"为"删除记录"。

"退出"按钮的实现过程类似于以上按钮,只是在创建该按钮时,在图 4-6 所示的"类别"列表框中选择"窗体操作"类别,然后在对应的"操作"列表框中选择"关闭窗体",单击"下一步"按钮,在接下来弹出的对话框中选择"文本",输入"退出"即可完成。

在该系统中,还有"游客基本信息编辑"窗体、"旅游班次信息编辑"窗体、"旅游路线信息编辑"窗体、"旅游团信息编辑"窗体、"陪同表信息编辑"窗体,这些窗体的创建方法类似于"导游基本信息编辑"窗体。

2. 浏览旅游线路和相关班次情况窗体的实现

浏览旅游线路和相关班次情况窗体是系统中管理线路和班次基本信息的窗体,在这个窗体中可以浏览旅游线路以及对应的班次信息,其界面如图 4-9 所示,下面详细介绍该窗体的创建过程。

(1) 在 Access 2010 主窗口中单击"创建"选项卡,然后在"窗体"命令组中单击"窗体向导"命令按钮,弹出"窗体向导"的第 1 个对话框。

(2) 在该对话框中首先选择"表:旅游线路",然后选择此表中的所有字段,在"表/查询"中选择"表:旅游班次",再选择图 4-10 所示的字段,单击"下一步"按钮。

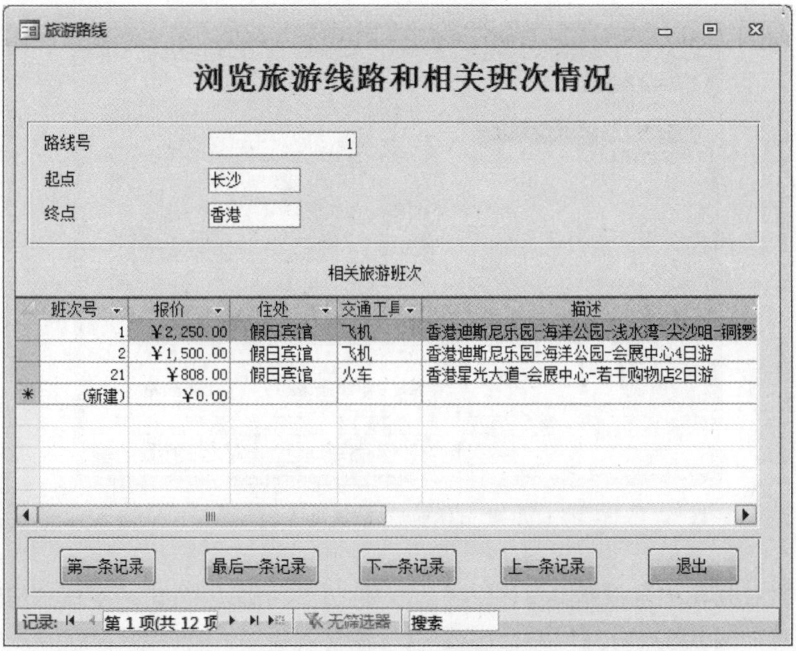

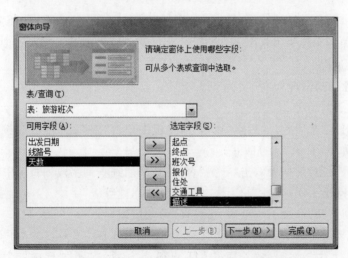

图 4-9 "浏览旅游线路和相关班次情况"窗体的效果

图 4-10 在"窗体向导"的第 1 个对话框中选择窗体字段

（3）弹出如图 4-11 所示的对话框,在确定查看数据的方式中选择"通过 旅游线路",然后选中"带有子窗体的窗体"单选按钮,单击"下一步"按钮。接着在窗体布局中选中"数据表"单选按钮,单击"下一步"按钮。为窗体和子窗体指定标题,单击"完成"按钮。

（4）图 4-9 中的命令按钮"第一条记录""最后一条记录""下一条记录""上一条记录"类似于"导游基本信息编辑"窗体中的"添加记录",只是在"类别"列表框中选择"记录导航",在对应的"操作"列表框中分别选择"转至第一项记录""转至最后一项记录""转至下一项记录""转至前一项记录",然后单击"下一步"按钮,在对话框中选中"文本"单选按钮,并输入对应的文本。

应用案例

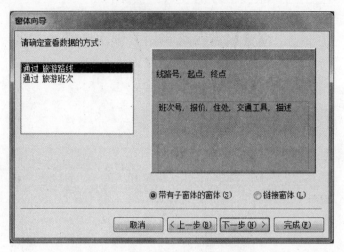

图 4-11 "窗体向导"的第 2 个对话框

在窗体设计视图中可以调整窗体字段的布局,方法类似于"导游基本信息编辑"窗体,还可以设置窗体的属性。

4.4.2 创建查询

在数据库应用系统中,查询功能起着至关重要的作用,通过查询能够快速查找所需的信息。下面通过"导游职称等级情况查询"和"价格区间内旅游路线和班次查询"来介绍系统中查询功能的实现过程。

1. 导游职称等级情况查询

创建步骤如下。

(1)单击"创建"选项卡,然后在"查询"命令组中单击"查询设计"命令按钮,打开查询设计视图窗口,并弹出"显示表"对话框。

(2)在"显示表"对话框中双击"导游"表,将其添加到查询字段列表区中。

(3)在设计网格中添加"性别"字段、添加两次"职称等级"字段。

(4)在"查询类型"命令组中单击"交叉表"命令按钮。

(5)选择交叉表查询,"总计"行会自动显示 Group By,将第 1 个"职称等级"字段的 Group By 改为"计数",然后将"交叉表"行分别选为"行标题""列标题""值",如图 4-12 所示。

(6)保存并运行查询,结果如图 4-13 所示。

交叉表查询也可以利用向导来创建,单击"创建"选项卡,在"查询"命令组中单击"查询向导"命令按钮,在弹出的"新建查询"对话框中选择"交叉表查询向导"即可。

2. 价格区间内旅游线路和班次查询

创建步骤如下。

(1)在设计视图中创建查询,添加"旅游线路"表和"旅游班次"表。

(2)在设计网格中添加"线路号""班次号""天数""报价""交通工具""描述"字段。

(3)在"报价"字段的"条件"行中输入条件表达式"Between [最低价格] And [最高价

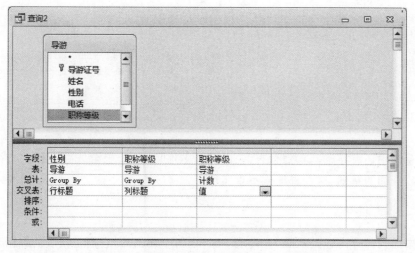

图 4-12　导游职称等级情况交叉表查询设置

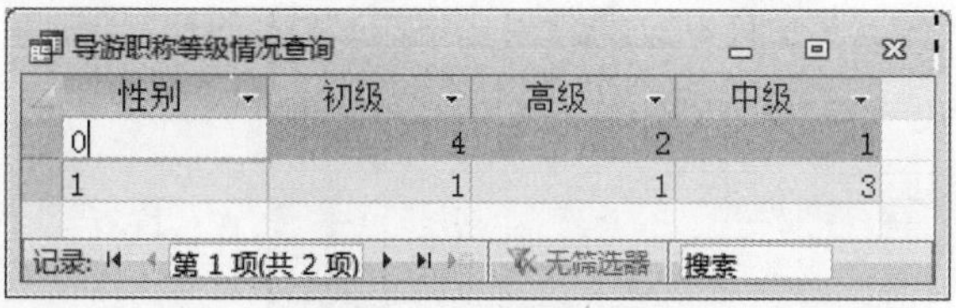

图 4-13　导游职称等级情况交叉表查询结果

格]",查询设计器如图 4-14 所示。

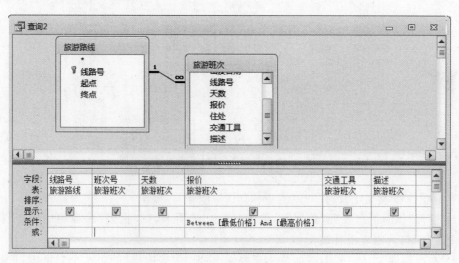

图 4-14　价格区间内线路和班次参数查询

（4）存盘并运行查询,在弹出的第 1 个对话框中输入最低价格,单击"确定"按钮。在弹出的第 2 个对话框中输入最高价格,单击"确定"按钮,则会出现如图 4-15 所示的查询结果。

图 4-15　输入参数区间的查询结果

在该系统中还有导游基本信息查询、游客基本信息查询、旅游线路和班次查询,用户有了以上创建查询的基础,这些查询就不难实现了。

4.4.3　创建报表

报表中的大部分内容是从表、查询或 SQL 语句中获得的,它们是报表的数据来源,报表中的其他内容是在报表的设计过程中确定的。

1. "导游职称等级统计报表"的实现

以"导游职称等级统计"查询为记录源创建报表,首先创建"导游职称等级统计"查询,其设计视图如图 4-16 所示。

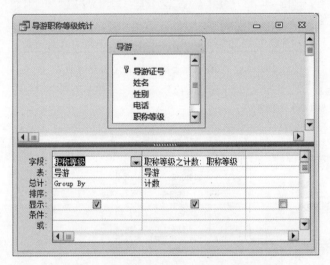

图 4-16　"导游职称等级统计"查询设计视图

"导游职称等级统计报表"的创建步骤如下。

(1)打开"旅游信息管理"数据库,单击"创建"选项卡,在"报表"命令组中单击"报表设计"命令按钮,打开报表设计视图。

(2)在报表的"主体"节中添加"图表"控件,弹出"图表向导"的第 1 个对话框,选择报表所需的表或查询,这里选择"导游职称等级统计"查询,单击"下一步"按钮。

(3)按照向导提示操作,先选择字段,再确定图表类型为"柱形图",并指出数据在图表中的布局方式,"职称等级"字段在 X 轴,如图 4-17 所示。

(4)确定图表的标题为"导游职称等级统计",并选中"否,不显示图例"单选按钮,然后

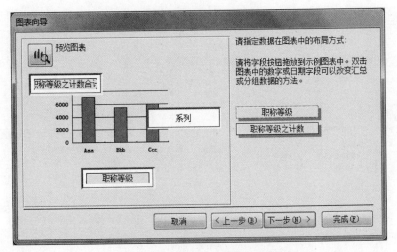

图 4-17   选择数据在图表中的布局方式

单击"完成"按钮,预览图表效果。切换到设计视图,调整图表的大小并存盘,结果如图 4-18
所示。

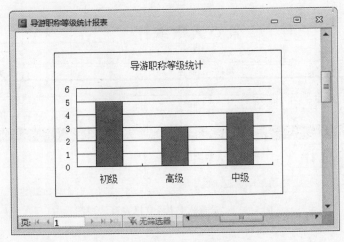

图 4-18   导游职称等级统计报表

2. "景点人数统计"报表的实现

以"景点人数统计"查询为记录源创建报表,首先创建"景点人数统计"查询,其设计视图
如图 4-19 所示。

"景点人数统计"报表的创建步骤如下。

(1)在导航窗格中选中"景点人数统计"查询,然后单击"创建"选项卡,在"报表"命令组
中单击"报表"命令按钮,会自动生成报表。

(2)在此报表的设计视图下,在报表页脚中添加一个"标签"控件,其标题为"人数总
计",添加一个"文本框"控件,在其中输入以"="开始的表达式,如图 4-20 所示。

(3)切换到报表打印预览视图下,查看报表统计结果。

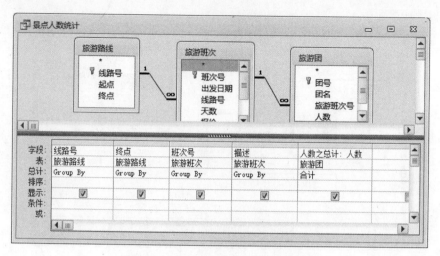

图 4-19 "景点人数统计"查询设计视图

图 4-20 "景点人数统计"报表设计视图

4.5 应用系统的集成

在 Access 2010 数据库应用系统设计完成后,需要进行应用系统的集成。例如,切换面板以及启动窗体的设置等。

4.5.1 创建切换面板

数据库应用系统的数据编辑、查询浏览、报表打印等功能是通过一个个独立对象实现的,完成了系统中所有功能的设计后,需要将它们组合在一起,形成完整的应用系统,以供用户方便地使用。Access 2010 中提供了切换面板工具,用户通过使用该工具可以方便地将已完成的各项功能集成起来,本系统选择此工具来创建应用系统。

1. 添加切换面板工具

在 Access 2010 中不能使用创建普通窗体的方法创建切换面板窗体,虽然 Access 2010 不再鼓励使用切换面板,但它还是提供了"切换面板管理器"工具,以方便老用户用来修改以前版本创建的数据库的切换面板,但它在默认状态下不出现在功能区中,需要用户自己添加到功能区中。

添加切换面板工具的操作步骤如下。

(1) 在 Access 2010 窗口中选择"文件"→"选项"命令,弹出"Access 选项"对话框。

(2) 在该对话框的左侧窗格中选择"自定义功能区"选项,这时是右边窗格中会显示自定义功能区的相关内容,如图 4-21 所示。

图 4-21　自定义功能区

(3) 在右边窗格中单击"新建选项卡"按钮,在"主选项卡"下拉列表中添加"新建选项卡"选项,然后单击"重命名"按钮,在弹出的"重命名"对话框中把新建选项卡的名称修改为"切换面板";单击"新建组"按钮,然后单击"重命名"按钮,在弹出的"重命名"对话框中把"新建组"的名称修改为"工具",并选择一个合适的图标,单击"确定"按钮,如图 4-22 所示。

(4) 在"从下列位置选择命令"下拉列表框中选择"所有命令"选项,在对应的列表框中选择"切换面板管理器"选项,然后单击"添加"按钮,如图 4-23 所示。

(5) 单击"确定"按钮,关闭"Access 选项"对话框,系统提示"必须关闭并重新打开当前数据库,指定选项才能生效"。关闭提示框并重新打开数据库后,可以在功能区中看到"切换面板"选项卡,单击该选项卡,可以看到在"工具"命令组中有"切换面板管理器"命令按钮,如图 4-24 所示。

图 4-22　新建选项卡和选项组

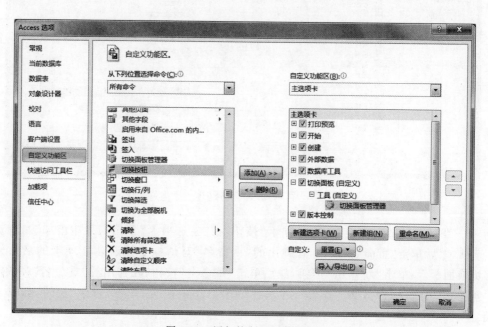

图 4-23　添加控制面板管理器

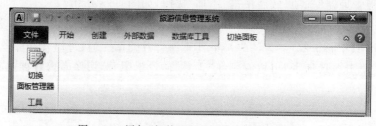

图 4-24　添加"切换面板"选项卡后的功能区

2. 创建切换面板页

使用切换面板管理器可以创建切换面板,操作步骤如下。

(1) 打开"旅游信息管理"数据库,在"切换面板"选项卡的"工具"命令组中单击"切换面板管理器"命令按钮。

(2) 如果系统从未创建过切换面板,会弹出"切换面板管理器"提示框,询问"是否创建一个?",单击"是"按钮,弹出"切换面板管理器"对话框,开始创建切换面板窗体的操作。

(3) 在如图 4-25 所示的"切换面板管理器"对话框中单击"编辑"按钮。

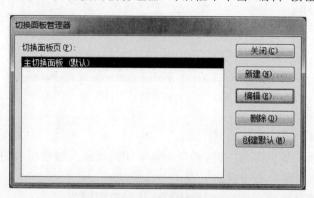

图 4-25 "切换面板管理器"对话框

(4) 弹出"编辑切换面板页"对话框,在"切换面板名"文本框中输入切换面板页的名称为"旅游信息管理系统",如图 4-26 所示,然后单击"关闭"按钮。

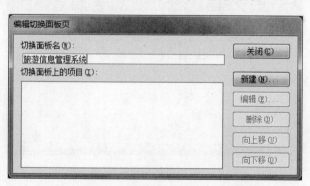

图 4-26 "编辑切换面板页"对话框

这时关闭"编辑切换面板页"对话框,返回"切换面板管理器"对话框,在"切换面板页"列表框中出现名为"旅游信息管理系统"的切换面板页。

(5) 在"切换面板管理器"对话框中单击"新建"按钮,弹出"新建"对话框,输入切换面板页的名称为"导游信息管理",如图 4-27 所示,然后单击"确定"按钮,关闭"新建"对话框。

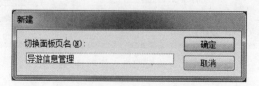

图 4-27 "新建"对话框

按照同样的方法创建"线路和班次信息管理""游客信息管理"等切换面板页,创建后的结果如图 4-28 所示。

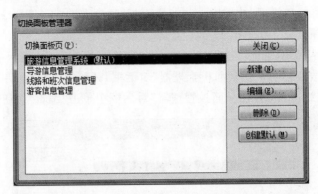

图 4-28　切换面板页设计结果

3. 创建切换面板项

现在,每个切换面板页都是空的,需要为每个切换面板页创建相应的切换面板项。

1) 创建主切换面板中的切换面板项

下面为"旅游信息管理系统"主切换面板创建切换面板项。

(1) 双击"切换面板页"列表框中的"旅游信息管理系统"选项,然后单击"编辑"按钮,弹出"编辑切换面板页"对话框,如图 4-29 所示。

图 4-29　"编辑切换面板页"对话框

(2) 单击"新建"按钮,弹出"编辑切换面板项目"对话框,在"文本"文本框中输入"导游信息管理",在"命令"下拉列表框中选择"转至'切换面板'",同时在"切换面板"下拉列表框中选择"导游信息管理",如图 4-30 所示。

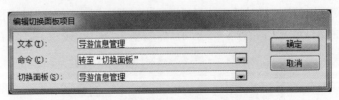

图 4-30　"编辑切换面板项目"对话框

（3）单击"确定"按钮，这样就在"旅游信息管理系统"主切换面板下创建了"导游信息管理"切换面板项。然后使用同样的方法，在"旅游信息管理系统"切换面板中创建"线路和班次信息管理""导游信息管理"切换面板项，它们分别用来打开相应的切换面板页。

（4）最后还需要建立一个"退出系统"切换面板项来完成退出应用系统的功能。在"编辑切换面板页"对话框中单击"新建"按钮，弹出"编辑切换面板项目"对话框，在"文本"文本框中输入"退出系统"，在"命令"下拉列表框中选择"退出应用程序"，单击"确定"按钮，如图 4-31 所示。

图 4-31　主切换面板上的所有切换面板项目

（5）单击"关闭"按钮，返回"切换面板管理器"对话框。

2）创建主切换面板中每个切换面板项的下一级切换项

下面为"导游信息管理"切换面板页创建"导游基本信息编辑"切换面板项，该项用于打开"导游基本信息编辑"窗体。

（1）在"切换面板管理器"对话框中选择"导游信息管理"切换面板页，单击"编辑"按钮，弹出"编辑切换面板页"对话框。

（2）单击"新建"按钮，弹出"编辑切换面板项目"对话框，在"文本"文本框中输入"导游基本信息编辑"，在"命令"下拉列表框中选择"在'编辑'模式下打开窗体"选项，在"窗体"下拉列表框中选择"导游基本信息编辑"窗体，如图 4-32 所示，最后单击"确定"按钮。

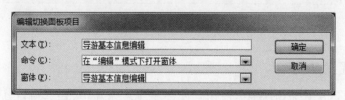

图 4-32　编辑切换面板项的下一级切换项

这样就完成了"导游基本信息编辑"切换面板项的创建工作，其他切换面板项的创建方法与此相同。

用户需要特别注意，在每个切换面板页中都应创建"返回主切换面板"的切换面板项，这样才能保证各切换面板页之间进行相互切换。

（3）将所建窗体的名称改为"旅游信息管理系统主菜单"。

通过上述操作，最终形成了系统的主菜单界面及各功能模块界面。其中，主菜单界面如

应用案例

图 4-33 所示。

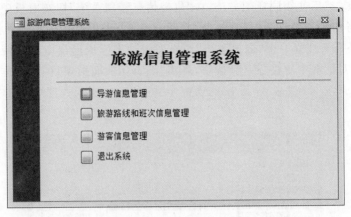

图 4-33　系统主菜单界面

　　"导游信息管理"切换面板页中的切换面板项创建以后，此切换面板页的窗体如图 4-34 所示。"线路和班次信息管理"和"游客信息管理"的切换面板窗体与此类似。

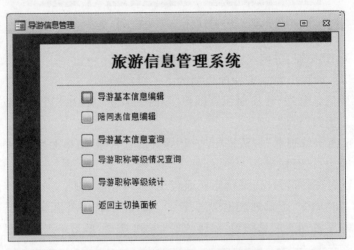

图 4-34　导游信息管理切换面板页

4.5.2　设置启动窗体

　　主切换面板窗体是使用数据库应用系统的第 1 个工作窗口，若想启动 Access 2010 后直接进入"旅游信息管理系统"的主切换面板窗体，可以将该窗体设置为启动窗体。其操作步骤如下。

　　（1）打开"旅游信息管理系统"数据库，选择"文件"→"选项"命令，弹出"Access 选项"对话框，如图 4-35 所示。

　　（2）在左侧窗格中选择"当前数据库"选项，在"应用程序标题"中输入"旅游信息管理系统"。

　　（3）单击"应用程序图标"文本框右侧的"浏览"按钮，弹出"图标浏览器"对话框，选择事先准备的图标文件,然后单击"确定"按钮。

图 4-35　启动窗体设置

（4）选中"用作窗体和报表图标"复选框,在"显示窗体"列表框中选择"旅游信息管理系统主菜单",并选中"关闭时压缩"复选框。

（5）向下滚动图 4-35 右侧的垂直滚动条,不选中"显示导航窗格""允许全部菜单""允许默认快捷菜单"等复选框,其他设置采用默认值,然后单击"确定"按钮完成设置。

设置完成后,需要关闭数据库后再重新打开数据库。重新打开数据库后,Access 2010会自动打开"旅游信息管理系统主菜单"窗体,进入应用系统的主界面。

参 考 文 献

[1] 教育部高等学校大学计算机课程教学指导委员会.大学计算机基础课程教学基本要求[M].北京：高等教育出版社,2016.

[2] 刘卫国.数据库技术与应用——Access 2010(微课版)[M].2版.北京：清华大学出版社,2020.

[3] 刘卫国.数据库技术与应用实践教程——Access 2010[M].北京：清华大学出版社,2014.

[4] 施伯乐,丁宝康,汪卫.数据库系统教程[M].3版.北京：高等教育出版社,2008.

[5] 丁宝康,汪卫,张守志.数据库系统教程(第3版)习题解答与实验指导[M].北京：高等教育出版社,2009.

[6] 陈薇薇,巫张英.Access 基础与应用教程(2010版)[M].北京：人民邮电出版社,2013.

[7] 李湛.Access 2010 数据库应用习题与实验指导教程[M].北京：清华大学出版社,2013.

[8] 吴登峰,何鹍,张孝临.Access 基础教程(第四版)习题与实验指导[M].北京：中国水利水电出版社,2013.

图书资源支持

感谢您一直以来对清华版图书的支持和爱护。为了配合本书的使用，本书提供配套的资源，有需求的读者请扫描下方的"书圈"微信公众号二维码，在图书专区下载，也可以拨打电话或发送电子邮件咨询。

如果您在使用本书的过程中遇到了什么问题，或者有相关图书出版计划，也请您发邮件告诉我们，以便我们更好地为您服务。

我们的联系方式：

地　　址：北京市海淀区双清路学研大厦 A 座 714

邮　　编：100084

电　　话：010-83470236　010-83470237

客服邮箱：2301891038@qq.com

QQ：2301891038（请写明您的单位和姓名）

资源下载：关注公众号"书圈"下载配套资源。

资源下载、样书申请

书圈

获取最新书目

观看课程直播